Renlei Qiyuan De Yanhua Guocheng

人类起源的演化过程

贾兰坡 / 著 | 又名《爷爷的爷爷从哪里来》。全书从"神创论"开篇，在进化论取代了"神创论"之后，"猿人同祖"的观念深入人心。

U0222185

吉林美术出版社｜全国百佳图书出版单位

图书在版编目（CIP）数据

人类起源的演化过程 / 贾兰坡著. — 长春 ： 吉林
美术出版社，2019.12（2023.6重印）
　（快乐读书吧 ：听读版）
　ISBN 978-7-5575-5237-4

　Ⅰ. ①人… Ⅱ. ①贾… Ⅲ. ①人类起源－少儿读物
Ⅳ. ①Q981.1-49

　中国版本图书馆CIP数据核字（2019）第281499号

快乐读书吧：听读版

人类起源的演化过程

著　　者	贾兰坡	
出 版 人	赵国强	
责任编辑	陈　鸣	
责任校对	刘明辉	
装帧设计	柏拉图	
开　　本	710mm×960mm	1/16
字　　数	120千字	
印　　张	10	
版　　次	2019年12月第1版	
印　　次	2023年6月第11次印刷	
出　　版	吉林美术出版社	
发　　行	吉林美术出版社	
地　　址	长春市人民大街4646号	
	邮编：130021	
印　　刷	吉林省恒盛印刷有限公司	

ISBN 978-7-5575-5237-4　　　　　定价：38.00元

CONTENTS 目 录

人类起源的演化过程

悠长的岁月

人类起源的演化过程

考古学家贾兰坡以第一人称的叙述方式，向我们讲述了一个个研究中国古人类历史的故事。在这些故事中，我们可以追寻古人类的发展足迹。

从"神创论"到认识上的蒙昧时期

有人说人类是女娲用泥和水捏出来的，有人说人类是由鹿面人身的神哈奴姆用泥土塑造成的，也有人说人类是上帝创造出来的。那么，这些纷繁不一的说法哪一种是正确的呢？还是有另外一种理论？我们一起来听听关于人类起源的科学理论吧！

人很早就想知道自己是怎么来的。由于科学的落后，人们得不到正确的认识，就认为人是用泥土造的，也就是"神创论"。"神创论"在世界上流传很广，东、西方都有这样的神话故事传播。

在中国广为流传的是盘古**开天辟地**和女娲抟土造人。古人们认为，世界上最初没有万物，后来出现了盘古氏，他用斧头劈开了天、地，天一天天加高，地一日日增厚，盘古氏也一天天跟着长大。万年之后，成了天高不可测、地厚不可量的世界，盘古氏也成了**顶天立地**的巨人，支撑着天与地。他死后化成了太阳、月亮、星星、山川、河流和草木。天地星辰、山川草木、虫鱼鸟兽出现了，只是世界上还没有人。这时女娲出现了，她取土和水，抟成泥，捏成人，从此世上就有了人。

在国外的神话中，也有相似的说法。埃及的传说中，鹿面人身的神哈奴姆用泥土**塑造**成人，并与女神赫脱给了这些泥人生命。在希腊的神话中，普罗米修斯用泥土捏出了动物和人，又从天上偷来火种交给了人类，并教会了人类生存技能。

随着人类社会的不断发展，神话传说被宗教利用，成为宗教的经典，并被撰成教义，更加在人们心目中**广为流传**。关于"上帝造人"，古犹太教《旧约全书》的《创世记》部分，说上帝花了6天时间创造了世界和人类：第一天创造了光，分了昼夜；第二天创造了空气，分了天地；第三天创造了陆地、海洋、各种植物；第四天创造了**日月星辰**，分管时令节气和岁月；第五天创造了水下和陆上的各种动物；第六天创造了男人和女人及五谷、牲畜；第七天上帝感到累了，休息了。在基督教《圣经》中的"创世说"中说耶和华上帝创造了天地之后，世界仍一片荒芜，于是他降甘露于大地，大地长出了草木。耶和华用泥捏了一个人，取名"亚当"，造了一个伊甸园，把亚当安置在里面。伊甸园中有各种花木，长着美味的果实。后来耶和华上帝感到亚当一个人很寂寞，在亚当熟睡之时，抽出他的一根肋骨造了一个女人，取名"夏娃"，上帝把各种**飞禽走兽**送到他们跟前。后来，夏娃偷吃了禁果。上帝把亚当、夏娃贬下尘世，随后发了一场洪水以示对世间罪恶的惩罚，并造了一条诺亚方舟，来拯救世间无辜的生灵。

不管是女娲抟土造人也好，还是上帝造人也好，这些神话传说都并非出于偶然，而是人们很想了解和知道自己是怎么来的，由于**不得其解**才造出了"神创论"。

我的童年是在农村度过的。逮蝈蝈儿、掏蛐蛐儿、捉鸟、拍黄土盖房是我们那个时代儿童最普遍的游戏。每逢我玩儿后回家，母亲都要为我冲洗，有时一天两三遍。母亲边搓边**唠叨**："要不怎么说人是用土捏的呢！无论怎么搓，都能搓下泥来。"我6岁时到离我家不远的外祖母家读私塾，也常听老师和外祖母这样说。可见"人是泥捏的"这个传说流传得多广、多深了。

何时出现的传说，不得而知，想来在有文字之前就已经开始了。而与"神创论"唱反调的还得说是中国的学者。远在2000多年前我国春秋时期的管仲（？—前645年）在《管子·水地》中说："水者何也？万物之本原也。诸生之宗室也。"意思是说：水是万物的根本，所有的生物都来自水。他的这句话说出了生命的起源。

战国时期的伟大诗人屈原在诗歌《天问》中，对自然现象、神话传说一口气提出了100多个问题。对女娲抟土造人也提出了**质疑**："女娲氏有体，孰制匠之?"意思是说：女娲氏既然也有身体，又是谁造的呢?

最使人惊奇的是山东省微山县出土的东汉时期的"鱼、猿、人"的石刻画。原石横长1.86米，纵高0.85米（现藏于曲阜孔庙），作者不知是谁。在原石的左半部，从右向左并排着鱼、猿、人的刻像。让人看了之后，很自然地会想到"从鱼到人"的进化过程。

18世纪的法国博物学家乔治·布丰虽然也曾指出，生命首先诞生于海洋，以后才发展到了陆地——生物在环境条件的影响下会发生变化，器官在不同的使用程度上也会发生变化的科学论证。但是他并没有指出从鱼到人的演化关系。

指出从鱼到人的演化关系并发表名著的是美国古脊椎动物学家威廉·格雷戈里。1929年他发表的《从鱼到人》，把人的面貌和构造与哺乳类、爬行类、两栖类相比较，把我们的面形一直**追溯**到鱼类。在当时，由于获得的材料有限，在演化过程中缺少的环节太多，有人嫌他的说法不充分，甚至指责他的某些看法是错误的。把从鱼演化到人的一枝一节都串联起来，谈何容易，你知道演化经过了多少时间吗?鱼类的出现，从地质时代的泥盆纪起，到现在已有3.7亿年了，这是多么漫长的时代啊!

能够说明演化的资料来源，并非**虚构**的，而是来自地下。地层就是一部巨大的"书"，它包罗万象，有许多许多东西是由地下取得的，就拿脊椎动物化石来说吧，其实也就是老百姓经常说的"龙骨"。它们绝大多数是哺乳动物的骨骼，由于在地下**埋藏**的时间较长，得以钙化。但是要成为化石，还要有一定的条件。首先，包括人在内的动物死亡后，能尽快地被埋藏起来，使其不暴露。然后，经过风吹雨淋，年代久之即可成为化石——我们所要研究的材料。

虽然许多人将脊椎动物的骨骼叫作"龙骨"，但从来也没人见过想象中的"龙"。我跑过除西藏之外的很多省份也找不到"龙"的**蛛丝马迹**。所谓的"恐龙"，原意为巨大的爬行动物，原是日本学者用的译名，我们也就随之使用了。

除了要了解化石的形成条件，还要能发现它们，直到把它们一点儿一点儿地发掘出来，这不是一件很容易的事，其中有很高的技术含量。从发掘到修理，使之完整地再现于人们的眼前，再加上翻制模型，都必须有很**高超**的技术。

"人类起源" 科学来之不易

随着科学文化知识的普及，"神创论"的说法被"人猿同祖"的论断代替了。虽然当时的科学家还不能拿出真凭实据来使人信服，但是，这一论点为寻找人类起源的证物——人类化石指明了方向。

"人类起源"，也有人称为"从猿到人"，或"人之由来"，等等。其实都是一个意思：人类是怎样一步一步演化成今天这个样子的？

有关人类起源的知识得来很不容易。许多真正的学者对这门学科的研究从不松懈，也不怕别人谩骂和非议，一代接一代不屈不挠地进行着。直到目前，仍有许许多多的问题需要由后来人接着研究下去。但是再没有什么人反对人是从猿演化而来的说法了，这是最大的胜利。下面我先谈谈这门学科的历史，你就可以知道它有多么来之不易了。人类起源的研究历史，是很晚的事，至今不到 200 年。

在欧洲中世纪，宗教和神学思想统治了很长的时间，许多科学的观点被扼杀。直到文艺复兴运动的兴起，人们的思想、感情得到了大解放，出现了一大批思想家、文学家和科学家，完成了很多的科学发现。在人类起源问题上，1859年，英国生物学家查尔斯·达尔文发表了《物种起源》一书，提出了生物进化理论。在达尔文的启示下，英国博物学家托马斯·赫胥黎在1863年发表了《人类在自然界中的地位》，提出了"人猿同祖论"。1871年，达尔文又发表了《人类的由来及性选择》，论证了人类也是进化的产物，是通过能增强其生存和繁殖的变异，并遗传给下一代的自然选择从古猿进化而来的。这是世界科学史上划时代的贡献。尽管如此，在那个时代由于证据不足，使当时所有进化论者感到很苦恼。因为他们不能用真凭实据来说服人。但他们的论点为寻找人类起源的证物——人类化石，指明了方向。

1806年，丹麦的一个委员会决定在他们国内进行历史、自然史和地质学的研究。首先遇到的是丹麦没有历史记载的"巨石文化"（古代坟墓的标志）、贝丘中的许多石器制品。他们认为传说中的故事对真正的历史事实的研究是毫无帮助的。但在工作期间，史前工具的发现越来越多，因而一个新的委员会要求对这些材料进行仔细的研究。1816—1865年，汤姆森在哥本哈根任丹麦皇家古物博物馆（即今天的自然博物馆）馆长，又进一步安排、策划、组织人力，对发现物进行分类研究，并根据文化性质编年，建立了石器时代、青铜器时代和铁器时代的顺序。这一工作，虽然由于材料的限制，在当时的情况下，研究的成果不可能达到**确凿无误**，但是他们所做的科学项目和内容，可以说是研究人类起源的开端。

1856年8月，在德国杜塞尔多夫以东霍克多尔附近的尼安德特山谷发现了具有原始性质的人类化石。那里是石灰岩地区，工人们采石烧灰，在石灰窑地区内有个山洞，工人们在洞尚未被破坏前见到了一副骨架，附近既无石制的工具，也没有其他哺乳动物的骨骼化石。石灰窑的负责人虽然不是**内行**，但对这具不完全的骨架非常奇怪，特别是保留下来的头盖骨，既不像人的，也不像其他动物的，因而骨架得以保存下来，交给了当地的一名医生。这名医生也不能肯定是人类的骨架，又将骨架送到波恩大学，请教授沙夫豪森鉴定。沙夫豪森认为这副骨架骨骼粗大，头骨前额低平，眉骨粗壮，是欧洲早期居民中最古老的人。赫胥黎见到头骨模型后，也认为是最像猿的人类头骨。后来这骨架被辗转到爱尔兰高韦皇后学院的地质学教授威廉·金手中，经他研究，认为在尼安德特山谷发现的这具骨架化石是已经绝种的古代人类遗骸，并于 1864 年按动植物的国际命名法为它起了个拉丁语化的名称，叫"Homo neander-thalensis"（King，1864），我国译为"尼安德特人"。

尼安德特人化石的发现，引起了很大的争议，很多人持怀疑和反对的态度，这是因为当时没有更多的证据。1886 年，比利时的斯庇也发现了"尼人"的骨骼化石及其他哺乳动物化石，这次发现的头骨和尼安德特山谷发现的头骨特征相同，有关尼人的争议才渐渐平息。同时达尔文的进化论也渐渐被人所接受。

尼人是介于直立人与现代人之间的人类，被称为"早期智人"，年代约为 10 万到 3.5 万年前。之后又发现了比尼人进步的晚期智人——克罗马农人，年代约为 3.5 万到 1 万年前。尽管在 19 世纪中叶有大量的古人类化石被发现，达尔文的进化论日渐深入人心，但人们仍不能接受"人猿同祖"和"从猿到人"的进化观念。这是因为没有找到从猿过渡到直立人这个阶段的化石，有些学者以证据不足来对抗进化论。

正当欧洲关于人类起源的争议非常激烈的时候，尤金·杜布瓦在荷兰降生了，那年是 1858 年。杜布瓦长大后进了医学院，毕业以后当了师范学校的讲师，他对人类起源的问题着了迷。29 岁时，杜布瓦开始着手解决人类起源问题。他把想法告诉了一些同事和朋友，遭到同事和朋友的反对，有人还说他得了精神病。但杜布瓦没有**气馁**，经过努力，他作为一名随队军医被派往当时由荷兰统治的苏门答腊（现属印度尼西亚），想在那里寻找更原始的古人类化石。功夫不负有心人，1890年他在中爪哇的克布鲁斯发现了一件下颌骨残片；1891年又在特里尼尔附近发现了一个头盖骨；1892年在发现头盖骨的地点附近发现了一个大腿骨。杜布瓦十分高兴，在给欧洲友人的电报中，他称这是"达尔文的缺环"。

正当杜布瓦还在高兴，还没来得及把化石向同行们展示之时，就成了争论的焦点。有人嘲笑他，有人**谩骂**他，而教会更是不容忍他。在各方面的围攻之下，杜布瓦把这些珍贵的人类化石锁在了家乡博物馆的保险柜里，一锁就是28年。

杜布瓦发现了人类化石后，曾于1892年给它取了拉丁语化的名字"直立人猿"，1894年改为"直立猿人"。由于受到教会和各方面的**指责**和压力，不得已，他承认了他发现的是一种猿类化石。尽管杜布瓦又提出了与自己相反的意见，但这种相反的论点并未得到后来人的承认。20世纪30年代，荷兰籍德国古人类学家孔尼华在爪哇（现属印度尼西亚）又有了新的发现。曾经研究过"北京人"化石的魏敦瑞看过在爪哇的发现后，为了命名的统一，1940年把杜布瓦发现的人类化石改为"爪哇直立人"。1964年坎贝尔又把命名改为"Homo erectus crectus"，译为"能直立的直立人"，一般译作"标准直立人"。

对于杜布瓦发现的古人类化石，现在我们已经搞清了，是属于更新世早期，距今80万到90万年前的直立人，的的确确是人类演化中的重要一环。杜布瓦把他的发现锁了28年之后，在美国纽约自然历史博物馆馆长亨利·奥斯朋的**呼吁**下，1923年他打开了保险柜，在一些科学讨论会上展示了他的发现。

顺便说一下，亨利·奥斯朋在当时是最著名的古人类学家、古脊椎动物学家和石器时代考古学家，生前出版了大量著作。我在1931年参加周口店"北京人"遗址发掘工作的时候，还是个什么都不懂的小青年。除了有导师和学长的帮助外，最早读的一本书就是1885年英国伦敦麦克米兰公司出版的，亨利·福罗尔著的《哺乳动物学骨骼学入门》，从中学到了不少关于哺乳动物骨骼的知识。第二本就是奥斯朋著的，由纽约查尔斯·斯克里布之子书店1925年出版的《旧石器时代人类》。这使我对古人类，不论是欧洲的发现，还是欧洲之外的发现都有了了解；对古人类所使用过的石器也有了进一步的认识。这两本书现在看来，已有些陈旧，但我仍然把它们好好地保存着，因为是它们把我引入这门学科的大门，在以后的工作实践中使我对这门学科越来越感兴趣，以至于能取得今天的成绩，在这门学科中"长大成人"。当然我更不能忘记师长和同仁对我的帮助和支持。

杜布瓦发现的是人还是猿，当时争议很大，因为没有人能够提供更加令人**信服**的证据，人们仍然有很多疑惑。20世纪初，学者们把眼光转向了中国。

北京人头盖骨

为了解答杜布瓦的发现是人还是猿这个很有争议性的问题，全世界的学者将目光转向了中国的周口店。随着新生代研究室的正式成立，周口店不但迎来了"周口店发掘工作的辉煌顶峰"，还迎来了一个使世界学术界震惊的伟大发现。

1915 年，美国学者马修出版了《气候与进化》一书，书中马修提出了亚洲是人类的**发祥地**。奥斯朋也认为人类起源地在中亚地区。这种观点还是由一位在北京行医的德国医生哈贝尔引起的。1903 年，他把从北京中药店里买到的"龙骨"，即一批动物化石带到德国，交给德国古生物学家施罗塞研究，施罗塞认为其中有一颗像人的牙齿，但不敢确定，而说是类人猿的。因此，他非常鼓励古生物学家到中国来**考察**。当时中国的一批学者像章鸿钊、丁文江、翁文灏等人创办了中国地质调查所，丁文江任所长。他们认为地质调查所的任务不应仅限于矿产调查，更应该进行古生物方面的调查和研究。他们聘请美国古生物学家葛利普1920年来华担任中央地质调查所古生物研究室主任兼北京大学古生物学教授，为中国培养古生物学的人才。瑞典地质学家、考古学家安特生也接受了中国政府的**聘请**，在1914—1924年来华担任农商部矿政顾问，此时的地质调查所也归入了农商部。安特生除担任矿政顾问外，还从事中国新生代地质和化石材料的调查和研究。值得一提的是，1919年北京协和医学院聘请了加拿大医生步达生来华担任解剖科主任。他受马修的影响，也对在中国寻找古人类化石极为关注。各方面的因素促成了在北京房山周口店发现北京人，使中国的古人类学、旧石器考古学和古脊椎动物学有了**突飞猛进**的发展。

1918年，安特生在周口店调查地质情况时，首先在周口店之南约2000米处发现了很多鼠类化石。因为石灰窑工人在这个地方采石时发现了很多像鸡骨一样的动物骨骼化石，因此，把这个地方称为"鸡骨山"。

1921年安特生同奥地利古生物学家师丹斯基又到鸡骨山采集化石。经当地工人指点，在鸡骨山以北2000米处，找到了更大的化石地点，名叫"龙骨山"，也就是北京人遗址。在这个地点，他们发现了许多大型的脊椎动物化石，其中使他们最感兴趣的是他们从未见过的肿骨鹿的头骨和下颌骨等骨骼化石。因为在含化石的地层中有外来的岩石，安特生**预感**到远古的人类很可能在这里居住过。

1926年的夏天，师丹斯基在瑞典乌普萨拉大学的威曼实验室里，整理从周口店采集的化石时，发现了两颗人类的牙齿。他认为是属于人的，就把这个发现公布了。北京协和医学院解剖科主任步达生看了之后也认为是人的，从而对周口店极感兴趣，开始与农商部地质调查所所长丁文江和翁文灏经常联系，准备发掘周口店遗址。最初**商谈**是中国地质调查所与北京协和医学院解剖科共同成立"人类生物学研究所"，由步达生与美国洛克菲勒基金会联系资助，后来丁文江、翁文灏建议把"人类生物学研究所"改为"新生代研究室"，作为中国地质调查所的分支机构。1927年2月，双方通过通信方式签订了"中国地质调查所和北京协和医学院关于研究第三纪和第四纪堆积物协议书"。协议书共有四款，大约是从1928年开始由洛克菲勒基金会资助22000美元，作为到1929年12月31日为止2年的研究专款。中国地质调查所拨款4000元补贴这一时期费用；步达生在双方指定的其他专家协助下负责野外工作，2~3名受聘并**隶属**中国地质调查所的古生物专家负责与本项目有关的古生物研究工作；一切标本归中国地质调查所所有，在古人类材料不能运出中国的前提下，由北京协和医学院保管，以供研究之用；一切研究成果均在《中国古生物志》或中国地质调查所其他刊物以及中国地质学会的出版物上发表。新生代研究室1929年才正式成立，成员有名誉主任：丁文江、步达生；顾问：德日进；副主任：杨钟健；周口店野外工作负责人：裴文中。

　　丁文江也特别关心周口店的发现。由于在周口店发现了人牙化石，他于1926年4月20日在北京崇文门内德国饭店为安特生的**荣誉**和发现以及送别举行了一次宴会。他请的客人有：斯文赫定、巴尔博、德日进、安特生、翁文灏、葛兰阶、葛利普、金叔初和李四光等中外地质学学者。菜单也是特制的，上边还印上了一个形似猿人，被称为"北京夫人"的头像，所有的客人都在菜单上签了名。

周口店的发掘实际上在 1927 年就开始了。当年地质调查所派地质学家李捷为地质师兼事务主任，瑞典古生物学家步林负责化石的采集和发掘工作，当时步达生估计整个周口店的发掘工作能在 2 个月内完成。发掘之后才发现这个地点范围之大，埋藏之**丰富**，问题之复杂，大大超过了原来的**设想**。那一年发掘土方近 3000 立方米，发掘深度近 20 米，获得化石材料近 500 箱。在工作结束的前 3 天，步林还在师丹斯基找到第一颗人牙化石的不远处，又找到了 1 颗人牙化石。

步达生对这颗人牙化石进行了仔细的研究，发现它是一个成年人的左下第一白齿，与师丹斯基发现的很相似。为此步达生给它命名为"北京中国人"，后来我国古脊椎动物学家杨钟健怕中国人看了后不容易理解，在"中国"两字之后加了个"猿"字，所以简称为"中国猿人"。后来葛利普给起了一个爱称叫"北京人"。魏敦瑞为研究北京人化石**花费**了很大心血，完成了几部巨著。随着古人类学的不断发展，猿人的名称被"直立人"所取代。

1940 年才改称"北京直立人"，简称"北京人"。

1928 年第一季度过后，周口店的发掘又开始了。这一年李捷离开了周口店，由在慕尼黑大学、师从施洛塞攻读古脊椎动物学并获得博士学位的杨钟健接替。杨钟健回国前曾去过瑞典乌普萨拉大学研究过周口店的化石，对这项工作很熟悉，而且他还任中国地质调查所的技师。主持周口店发掘和日常事务工作的是刚刚从北京大学地质系毕业的、年方 24 岁的裴文中。这一年发掘的**堆积**物达 2800 立方米，获得化石 500 多箱。最令人欣喜的是发现了 2 件下颌骨：1 件是女性的右下颌骨，另 1 件也是成人的右下颌骨，上边还有 3 颗完整的牙齿。下颌骨是人类化石中比较珍贵的材料，这使步达生感到非常兴奋，又向美国洛克菲勒基金会争取到了 4000 美元的**追加**拨款。

经过 2 年的正式发掘，大家都感到周口店龙骨山有特别丰富的堆积。要想把它们都挖掘出来，短时期内不可能完成，而且要弄清龙骨山的地质学上的一些问题，还必须全面地了解周口店附近地区以及更广地区的地质状况。出于这些原因，加速了"新生代研究室"的建立。"新生代研究室"将以更加广泛的综合研究计划来替代将要期满的周口店发掘计划。丁文江、翁文灏、步达生制定了方案、工作进度、资金预算，所需费用都由洛克菲勒基金会提供。1929年4月，中国农矿部正式批准了"新生代研究室"的组织章程，"新生代研究室"正式挂牌了。

1929年步林加入了西北考察团，离开了周口店，杨钟健同德日进到山西、陕西一带进行地质旅行调查，周口店的发掘工作由裴文中主持。裴文中接着上一年往下挖，去掉非常坚硬的第五层的钙板，到第六层时化石明显增多，第七层更是如此，一天之中就能挖到100多个肿骨鹿的下颌骨，而且化石都很完整。在第八、九层找到了几颗人牙，其中有1颗是齿根很长、齿冠很尖的犬齿，以前没有见到过，这使裴文中**干劲倍增**。秋季的发掘从9月底开始，越往下挖洞穴越窄，裴文中以为到了洞底。突然在北裂隙与主洞相交处向南又伸展出一个小洞。为了**探明虚实**，裴文中身上拴着绳子亲自下洞去，洞中的化石十分丰富，这使大家又来了精神。这时已到了11月底，冬天已经降临，还经常下着小雪，天气很冷。本来野外工作可以结束了，但见到有这么多的化石，裴文中临时决定再多挖几天。

1929年12月2日下午4时，太阳落山了，大家仍在不停地挖着。在离地面十来米深的小洞里更是什么也看不清，只好点燃蜡烛继续挖掘。洞内很小，只能容纳几个人，挖出的渣土还要一筐一筐从洞中往上运。突然一个工人说见到了一个圆东西，裴文中马上下去察看，"是人头骨！"裴文中兴奋地大叫起来。大家见到了**朝思暮想**的东西，此刻的心情真是难以形容。是马上挖，还是等到第二天早上？裴文中觉得等到第二天时间太长了，便决定当夜把它挖出来。化石一半在松土中，一半在硬土中。裴文中先将化石周围的孔挖空，再用撬棍轻轻将它撬下来，由于头骨受到震动，有点儿破碎，但并不影响后来的粘接。取到地面上，为了怕它再破碎，裴文中脱掉外衣，把它包了起来，轻轻地、一步一步地把它捧回住地。附近的老百姓跑来看热闹，见到裴文中这么小心地捧着它，一再问工人："挖到了啥？"工人高兴地答道："是宝贝。"回到住地，裴文中连夜用火盆将它烘干，包上绵纸，糊上石膏，再用火烘，最后裹上毯子一点儿一点儿捆扎好。第二天他派人给翁文灏**专程**送了信，又给步达生打了电报："顷得一头骨，极完整，颇似人。"步达生接到电报，欣喜之际还有点儿**半信半疑**。12 月 6 日裴文中亲自护送，把头骨交到了步达生手中。步达生立即动手修理，当头盖骨露出了真实面目后，步达生高兴得到了发狂的地步。他说这是"周口店发掘工作的辉煌顶峰"。

12 月 28 日，中国地质学会隆重召开特别会议，庆贺周口店发掘工作的突破性的胜利，庆祝发现了中国猿人第一个头盖骨。会议由翁文灏主持，裴文中、步达生、杨钟健、德日进分别就发现头盖骨化石的经过以及有关中国猿人头盖骨及地质学研究等问题做了专题报告。与会的有科学界、新闻界等各方面的人士。在中国发现了猿人头盖骨的消息，通过媒体迅速传遍了中国，传遍了世界，它震动了整个世界学术界。贺电、贺信从**四面八方**飞向当时的北平，这其中就有美国古生物学界泰斗奥斯朋的贺电。在那时，中国猿人头盖骨的发现成了北平街谈巷议的新闻。

我是 1931 年春考进中国地质调查所的，被分配到新生代研究室当练习生。同时进调查所新生代研究室的还有刚从燕京大学毕业的卞美年。同年我们就被派往周口店协助裴文中搞发掘工作。在研究部门里，练习生虽属"先生"行列，但地位是最低的小伙计，买发掘用品，给工人发放工资，登记发掘记录，修理化石，装运化石，陪访问学者到各处察看地质，替他们背标本……总之什么活儿都得干，但我不觉得苦。只要有点儿时间我还和工人们一起去挖掘，对挖出来的动物化石，不懂就向工人请教，很快我就喜欢上了发掘工作。而裴文中看到我不懂的地方就**耐心赐教**，从不拿架子。卞美年一有闲暇，就带着我在龙骨山周围察看地质，不但给我讲解地质构造和地层，还教我如何绘制剖面图，我一直把他看作是我的**启蒙**老师。从他们那里我学到了很多东西。他们还不时地给我一些有关的书看，当时古人类学和古脊椎动物学刚在中国兴起，国内还没有专门的教科书，书全是英文的，看不懂就向他们请教，我进步得很快，也越来越爱上这门学科了。

1934年，患有先天性心脏病的步达生，因**过度疲劳**，在办公室内去世。1935年，裴文中到法国去留学。领导推举我主持周口店的发掘工作，那时我刚刚晋升为技佐（相当于助理研究员）。

就在这一年，美籍德国犹太人、世界著名的古人类学家魏敦瑞来华接替步达生的工作。来华之前，他就认为周口店发现了头盖骨、下颌骨和许多牙齿，但人体的骨骼很少，这是由于发掘的人不认识的缘故。他来华之后没几天，就到周口店检查工作，之后又接二连三地到周口店勘察地层，并仔细观察工人们挖掘化石的工作，又考了考我关于食肉类动物的腕骨与人的腕骨有什么不同，我详细地做了解答，他很满意。最后他对周口店的工作信服地说："这么细致的工作，不会丢掉重要东西，是可靠的。""这样的方法据我所知，在世界上也是最好的。"

1936年周口店的发掘任务仍是寻找古人类化石。魏敦瑞来北京一年多了，除了一些人牙外，没见到其他重要的材料，心急如焚。其实我心中更是急得冒火，更使我们担忧的是，美国洛克菲勒基金会只同意再给6个月的经费，如果6个月后仍无新发现，洛克菲勒基金会可能会断绝对周口店的资助，新生代研究室也会散摊。此时，日本的侵华战争正在一步步向华北推进，中国地质调查所也随国民党政府南迁。已担任北平分所所长的杨钟健也为此事担心，三天两头地往周口店跑。他看到大家仍在兢兢业业、勤勤恳恳地工作，才放心了。

天无绝人之路。正当我们为找不到古人类化石而一筹莫展的时候，工作突然出现转机。这一年的10月22日上午10点左右，当我们发掘到第八、九层时，我突然看到两块石头中间，有一个人的下颌骨露了出来，我当时的高兴劲儿就别提了。我马上趴在现场，小心翼翼地把它挖了出来。下颌骨已经碎成几块，我们把化石拿回办公室修理、烘干、粘好，第二天送到魏敦瑞手中。他也高兴起来，很长时间愁苦的脸上有了笑容。

下颌骨的发现，给大家带来了很大的鼓舞。11月15日，由于头一天夜间下了场小雪，上午9点才开始工作。干活儿不久，技工张海泉在临北洞壁由他负责的方格内挖到了一块核桃大小的骨片。我离他很近，问是什么东西，他说："韭菜（碎骨片的意思)。"我拿起一看，不由**大吃一惊**："这是人头骨！"我们马上把现场用绳子围了起来，只许我和几个技工在圈内挖掘，其余人一概不许进入。我们挖得非常仔细，连豆粒大的碎骨也不让它遗落。在这半米多的堆积内，发现了很多头盖骨碎片。慢慢地，耳骨、眉骨也露了出来。这是个被砸碎的头盖骨，直到中午才把所有碎头盖骨全都挖了出来。接着又是清理、烘干、修复，把碎片一点儿一点儿粘起来。

由于下颌骨的发现，有人断言"新生代研究室要时来运转了"。我们高兴的心情还没平静下来，下午4点15分时，在距上午头盖骨的发现处的下方约半米处，又发现了另一个头盖骨。与上午那个相仿，均裂成了碎片。由于**天色已晚**，我派6个人守护现场，同时发电报给北平当局。

杨钟健没在家，去了陕西老家。他的夫人听到消息，四处打电话找到了卞美年。卞美年第二天早晨**急急忙忙**地跑去找魏敦瑞，魏敦瑞还没起床，听到消息后，从床上跳了下来，连裤子都穿反了。他火烧眉毛似的带着夫人、女儿同卞美年一起，由他的朋友开着汽车赶到了周口店。当我们从柜子里拿出粘好的第一个发现的头盖骨时，魏敦瑞太激动了，手不住地发抖。他不敢用手拿，叫我们把它放在桌上，左看右看，看了个够。午后他又到第二个头盖骨的现场察看发掘情况，由于怕挖坏，挖掘的速度很慢。魏敦瑞只好带着第一个头盖骨返回了北平。第二个头盖骨的所有碎片直到日落西山才搜索完毕。11月17日我带着第二个头盖骨返回北平，把它交给了魏敦瑞。

真可谓"柳暗花明又一村"。11月25日夜里下了一场小雪，26 日上午 9 时，在发现下颌骨的地点之南 3 米、之下约 1 米的角砾岩中又找到了 1 个头盖骨。这个头盖骨比前两个都完整，连神经大孔的后缘部分和鼻骨上部及眼孔外部都有，完整程度是**前所未有**的。当我再次把它交给魏敦瑞时，他竟"啊"了一声，两眼瞪着，发了很长一会儿呆，才缓了过来。

11 天之内连续发现了 3 个头盖骨，1 个下颌骨和 3 颗牙齿的消息，再一次震动了世界学术界，全国和全世界各地报纸纷纷登载这一消息。12 月 19 日在中国地质学会北平分会上，魏敦瑞和我被邀请做了报告。魏敦瑞说："现在我们非常**荣幸**，因为中国猿人在最近又有了新的发现：10 月下旬发现猿人下颌骨一件，并有 5 颗牙齿保存；11 月 15 日一天内，又发现猿人头盖骨两件及牙齿 18 颗；11 月 26 日更发现 1 件极完整之头盖骨。对于这次伟大之收获，我们不能不**归功**于贾兰坡君。"

以上说的只是北京人化石产地的发现。早在 1934 年我们也曾在北京人遗址附近的山顶洞发现了山顶洞人共 7 个个体，同时还发现了大量的装饰品。山顶洞人的头骨与现代人的头骨相比，没有什么明显的差异，是属于距今 1.8 万年左右的晚期智人化石。

北京人头盖骨丢失之谜

随着珍珠港事件的爆发，一件意外事件发生了：北京人化石——这个属于世界的文化瑰宝失踪了！我们为了这件已经过去半个多世纪的事情一直做着不懈的努力，结果，至今还是一个谜。

有关北京人化石丢失之谜，很多的报纸杂志都有过报道，本来与这本小书没有什么关系，可是这件事已过去半个多世纪了，仍经常有人问起，这说明很多人对丢失北京人化石这件事情始终不能忘怀。1998 年，我与其他 13 名中国科学院院士一起签名呼吁"让我们继续寻找'北京人'"，北京电视台、中国科学院等单位还共同发起了"世纪末的寻找"活动。所以就此机会，我还想占点儿篇幅再向读者简单叙说一下丢失的情况。

1937 年"七七事变"，日本帝国主义全面侵华战争开始了，不久北平就被日军占领了。由于日美还没有开战，北平协和医学院仍在照常工作。当时所有在周口店发现的北京人化石、山顶洞人化石以及一些灵长类化石，其中还有一个非常完整的猕猴头骨，都保存在协和医学院 B 楼解剖科的保险柜里。因为步达生和后来接替他的魏敦瑞都在那里办公。

1941 年，日美关系越来越紧张，许多美国人及侨民纷纷离开中国。魏敦瑞也决定离开中国去美国纽约自然历史博物馆继续研究北京人化石。他走前曾**嘱咐**他的助手胡承志把所有的北京人化石的模型做好，先做新的，后做旧的，时间紧，越早动手越好。还特别叮嘱他说，在适当的时候，把所有的化石装箱，准备运往安全的地方**保管**。

大约在珍珠港事件前 3 个星期，魏敦瑞的女秘书希施伯格通知胡承志把化石装箱。胡承志在征得裴文中的同意后，找到解剖科技术员吉延卿开始装箱。

装箱时非常仔细，先把化石用绵纸包好，再用卫生棉和纱布裹上，外边再包一层白软纸放入小木盒内，盒内也垫上卫生棉，然后分门别类装入两只没刷过漆的大木箱内，木箱与木盒、木盒与木盒之间还垫上了瓦楞纸。两只木箱一大一小，装好后，只在木箱上分别注上"A"和"B"的标记，随后送到协和医学院总务处处长、美国人博文的办公室，后来箱子又由博文转运到了 F 楼 4 号保险库内。自此，北京人化石、山顶洞人化石及一些灵长类化石，其中还有一个极完整的猕猴头骨等全部没有了**下落**。

据说，珍珠港事件前，原打算把这两箱化石交给美国驻华大使詹森，托他找人带到美国交给当时的中国驻美大使胡适保管，待战后再运回中国。美国大使詹森不敢接收，因为中美双方在成立"新生代研究室"时有协议："不能把所发现的人类化石运往国外。"后来还是当了国民党政府经济部部长（1948年任行政院院长）的翁文灏写了委托书，詹森才同意接收。装有化石的箱子被送往美国海军陆战队，又由美国海军陆战队运往秦皇岛，准备搭乘美国到秦皇岛接送海军陆战队和侨民的哈里森总统号轮船，前往美国。但哈里森总统号轮船在从马尼拉开往秦皇岛途中，正赶上太平洋战争爆发，这艘船被日本击沉于长江口外，所以化石根本没有上船，负责携带这批化石的美国军医弗利在秦皇岛被日军俘虏，从此这批世界文化瑰宝就失踪了。

日军占领了协和医学院后，日本就派了东京帝国大学人类学家长谷部言人和高井冬二助教来协和医学院寻找北京人化石。当他们打开B楼解剖科的保险柜，看到里面装的全是化石模型，才知道北京人化石被转移了。日本宪兵队到处搜寻，很多人都受到了连累。协和医学院总务处处长博文，甚至连推车送化石到F楼4号保险库的工人常文学都被捉进宪兵队进行审讯。解剖科的马文昭教授可算是"二进宫"，一次是为北京人化石，一次是为孙中山先生的内脏。其实这两件事都与他无关。裴文中在家中也受到讯问，并被暂时没收了居住证。在那个时期，没有居住证是不能离开北平的，连上街行走都会遇到麻烦。

北京人化石丢失后，当时各大报纸都纷纷报道这一消息，再一次震惊世界学术界。尽管日本天皇知道这一消息后，命令日军总司令部负责追查化石的下落，日本军部又派了一名特务，专门到北平、天津、秦皇岛调查此事，但均无结果。从此传说纷纭，谣言四起。

日本投降后，中国国民党政府派代表团寻找被日本侵略者掠去的文物，其中没有北京人化石的标本。1946 年 5 月 24 日，中国代表团的负责人、中央研究院院士、考古学家李济在给裴文中的信中说："弟在东京找'北京人'前后约 5 次，结果还是没找到。但帝大所存之周口店石器与骨器已交出，由总部保管。弟离东京时，已将索取手续办理完毕。"1949 年 4 月 30 日，中国政府代表团团长朱世明向盟军总部递交了一份备忘录，附有一份详细的丢失化石的清单，请盟军协助对这批重要的科学标本进一步查询，仍是没有任何结果。

北京人化石的丢失，牵动着各界人士的心，好多人都自愿出钱出力，搜寻各种线索帮助寻找。但是绝大多数的线索没有任何价值。

1980 年 3 月，我从瑞士驻华大使席望南处获悉，他认识当年准备携带北京人化石回美国的威廉·弗利博士。他非常愿意给弗利去信，就北京人化石丢失这件事叫弗利和我通信联系。

弗利在给席望南大使的复信中说:"请告诉贾兰坡教授,我对于寻找失落已久的标本仍然抱有希望。请他直接和我联系。"我很激动,因为珍珠港事件爆发后,弗利在天津就成了日本人的俘虏。日本人后来一再声称他们并没把北京人化石弄到手,所以弗利就成了最后一个接触这批化石和掌握它们下落线索的关键人物。而多少年来,很多人想方设法来套取弗利有关这方面的"口供",他对一些关键性的细节始终都**守口如瓶**。于是,我给弗利写了第一封信,表示愿意更多地了解有关北京人化石下落的情况。

1980 年 6 月 15 日,我接到了弗利 5 月 27 日从纽约的来信:"你那令人激动的来信收到了。通过我们共同的朋友瑞士大使席望南的介绍,最后处理标本的科学家终于在多年之后和一位曾经受委托安全运送标本的官员相识了。多年来,我一直希望有那么一天,我的心愿能够实现,就是要在我有生之年看到北京人化石安全归回北京协和医学院。""我确信它们没有被遗弃,而是被安全细心地保护着以待适当的时候**重见天日**。"

见了这封信,大家都很激动。瑞士大使对此事非常热心,拟请弗利秋季来华,并为他办理来华的一切手续。无奈因我 9 月份要出访日本,请弗利改期。而弗利以"贾先生推脱,恐怕另有难言之隐"为由,多次向美国华人、运通银行高级副总裁邱正爵表示,要他访华,除非由中国国家领导人发出邀请。但后来条件越来越降级,改为由"政府邀请""科学院邀请",最后由邱正爵做工作,改为由我出面邀请。我对弗利的**狂妄**态度,深感不安,他提出的要求也太过分了。1980 年底,邱正爵访华并与我见了面。他还亲自到天津找到了弗利当年居住过的房子，仔细察看了房子内的情况，发现房子基本上保持着弗利描述的样子。但邱正爵回国后向弗利追问化石是否曾藏在那间房里时，弗利**不置可否**。邱正爵对弗利的态度也大为不满。

我也曾看过弗利在《71/72 康奈尔大学医学院校友季刊》上的撰文。他介绍这段经历时，说化石不多，大概装在一打左右的玻璃瓶里。我感到十分**蹊跷**，认为他见到的根本不是北京人化石。

他还说，他带着标本在秦皇岛等待登上美国轮船时，正赶上珍珠港事件，他被日军俘虏。因为他是医官，没有受到严格的检查，当把他们送往集中营时他还带着标本。当时不用说是个医官，就是再大的官也要接受检查呀！

我觉得弗利一点儿谱都没有，以后跟他断了联系。

1980 年 9 月中旬到 10 月初，纽约自然历史博物馆名誉馆长夏皮罗偕女儿访华，他听一位美国朋友告诉他，北京人化石曾藏在天津的美国海军陆战队兵营大院 6 号楼地下室的木板层下。他到了天津，在天津博物馆的协助下，找到了兵营旧址，这里已成了天津卫生学校，而 6 号楼在 1976 年唐山大地震时倒塌，已经改成了操场。据学校的工作人员说，这些建筑物的地下室从未铺过木板地。夏皮罗虽然还带着 1939 年拍摄的兵营建筑照片，但早已**面目全非**了。

1996 年初，一位日本人在临终前，告诉他的朋友，说"二战"时丢失的北京人化石埋在距北京城外东 24 米处，即日坛公园神道附近，在一棵松树上还做了记号。这位日本朋友几经辗转，告诉了中国当局。中国专家虽然不太相信，但还是对"埋藏"地点进行了技术探测，发现有点儿异常。科学院副院长做出了"抓紧时间，严密组织，保障安全，快速解决"的决定。6月3日上午正式动土发掘，前后近3小时，没有结果。探测异常可能是由于钙质结核层引起的。

北京电视台、中科院古脊椎动物及古人类研究所等单位发起的"世纪末的寻找"上了电视和报纸后，我又收到了很多提供线索的来信，但绝大多数的来信没有任何价值。日本的一家通讯社也来信说，他们听闻在北海道有些线索，准备派人前往调查，但后来也没任何信息。

北京人化石是国宝，也是属于世界的、全人类的，有很重要的科学价值。在我有生之年，我当然愿意再见到它们，这也是我们老一辈科学家的心愿。这正像我们14名院士做出的"让我们继续寻找'北京人'"的呼吁所说的那样："也许这次寻找仍然没有结局，但无论如何，它都会为后人留下珍贵的线索和历史资料。并且它还会是一次我们人类进行自我教育、**自我觉悟**的过程，因为我们要寻找的不仅仅是这些化石本身，更重要的是要寻找人类的**良知**，寻找我们对科学、进步和全人类和平的信念。"

北京人是最早的人吗?

自从裴文中发现了第一个北京人头盖骨后，关于北京人有无骨器和他们是否是最原始人类的轰轰烈烈的学术讨论展开了，历时四年之久。这场讨论为考古这门学科的发展带来了新的曙光。

裴文中发现了第一个北京人头盖骨，他工作上勤勤恳恳，能**吃苦耐劳**，我非常敬佩他。我在周口店协助他搞发掘时，一开始什么都不懂，他耐心地教我，从不拿架子，我也十分**敬重**他。自从发现了北京人头盖骨后，我俩在学术上产生了分歧。首先是关于有没有骨器的问题。1952年周口店建成了陈列馆，为了使周口店的发现能早日与参观者见面，我带领全体工作人员**没日没夜**地布置展台，填写标签，大家没有一点儿怨言，全体工作人员只有一个愿望，把陈列馆布置好，早日开放。我们的工作得到了竺可桢副院长和杨钟健的大力支持。预展之前，裴文中来了，当他见到展台里陈列着一些骨器时，大为恼火。问我这些是什么？我说："骨器。"他叫我们打开展台，一边乱扒一边扔，还说："这也是骨器？！"原来布置得**整整齐齐**的展台，这下全乱套了。我红着脸争辩："您的老师和您自己都承认北京人也制作过骨器使用嘛！这些都是选出来打击痕迹很清楚的材料，怎么说它们不是骨器呢？""那就等预展期间听听别人的意见再说吧！"等裴文中走后，我们又一件一件地把标本摆放好。

这件事传到了杨钟健的耳朵里，没想到这点儿小事杨钟健十分重视。他认为，对骨器的看法有**分歧**，就应把问题公开化，加以讨论。否则在一个陈列馆里各说各的，意见不统一，参观者更搞不明白，这就不像话。直到1959年，我才在《考古学报》第3期上发表了一篇题为《关于中国猿人的骨器问题》的文章。文章一开始，我对周口店关于骨器的研究、不同的意见和看法做了阐述。针对裴文中1938年发表于《中国古生物志》上的论著《非人工破碎之骨化石》所说的把碎骨分啮齿类动物咬碎、食肉类动物咬碎、食肉类动物爪痕、腐蚀纹、化学作用、水的作用等几点原因，提出了我的看法。

关于被石块砸碎的问题，我在文中写道：

"洞顶塌落下来的石块把洞内的骨骼砸碎是完全可能的……砸碎的骨骼一般都看不出打击点，即使偶尔看出砸的痕迹，但它没有一定的方向，而又集中于一点上。同时被砸碎的骨骼在它的周围还可以找到连接在一起的碎渣。"

关于人工打碎的痕迹的问题，我在文章里说：

"问题是在于打碎的目的是什么。有人认为：打碎骨骼是为了取食里面的骨髓。这种说法并非**不近情理**……那么，是不是所有人工打碎的骨骼都可以用这个原因来解释呢？我认为不能，因为有许多破碎的骨骼用这一原因就解释不通。

"我们发现了很多破碎的鹿角，肿骨鹿的角虽然多是脱落下来的，但斑鹿的角则是由角根地方被砍掉的。这两种鹿的角，多被砍成残段，有的保存了角根，有的保存了角尖。肿骨鹿的角根一般只保存12—20厘米长，上端多有清楚的砍砸痕迹；斑鹿的角根保存的部分较长，上下端的**砍砸**痕迹都很清楚，并且第一个角枝常被砍掉。发现的角尖以斑鹿的为多，由破裂痕迹观察，有许多也是被砍砸下来的。在肿骨鹿的角根上，常见有坑疤，在斑鹿的角尖上，常见有横沟，很可能是使用过程中产生的痕迹。

"有一些大动物的距骨和犀牛的肱骨，表面上显示着许多长条沟痕，从沟痕的性质和分布的情形观察，可以断定它们是被当作骨砧使用而砸刻出来的。

"破碎的鹿肢骨发现最多，特别是桡骨和跖骨，它们的一端常被打成尖状，有的肢骨还顺着长轴被劈开，一头再打成尖形或刀形。此外还有许多的骨片，在边缘上有多次打击的**痕迹**。像上述的碎骨，我们不仅不能用水冲磨、动物咬碎或石块塌落来说明它，也不能用敲骨吸髓来解释……敲骨吸髓，只要砸破了骨头就算达到了目的，用不着打成尖状或刀状，更用不着把打碎的骨片再加以多次打击。特别是鹿角，根本无髓可取，更不能做无目的的砍砸。

"对于被水**冲磨**的痕迹和被动物所咬的痕迹，我认为：被水冲磨的碎骨很多……但是这种痕迹很容易识别。……

"动物咬碎的骨骼和人工打碎的骨骼虽然容易混淆，但仔细观察，仍可以区别开来的，因为牙齿（多用犬齿）咬碎的常常保持着上宽下窄条形的**齿痕**，而这种齿痕又多是上下相对应的。

"被啮齿类动物咬过的痕迹是容易区别的，因为它们都是成组的、直而宽的条痕，好像是用齐头的凿子刻出来的；条痕之间有左右门齿的空隙所保留的窄的凸棱，而且由于上下门齿咬啮，条痕是上下相对的。"

裴文中对我的意见提出了反驳，他在《考古学报》1960年第2期上发表了《关于中国猿人骨器问题的说明和意见》的文章。文章说：

"我个人还有些不同意贾先生1959年的说法。我个人认为，打碎骨头，是因为骨质内部结构的关系，骨头**破碎**时自然成尖形或刀状。这不是中国猿人能力所能控制的，不是有意识地打成的。

……

"我个人不反对：周口店的一些碎骨上有人工的痕迹。就是最保守的德日进也承认鹿角上有被烧的痕迹，也有人工砍砸的痕迹。但是他认为是为了鹿头在洞内食用时，携带庞大的鹿角进出洞口时不方便，而将鹿角砍砸下来的。

"他的意见是鹿角被烧了以后，容易砸落，烧的痕迹可以证明是为了砍掉鹿角而**遗弃**不食……"

裴文中的文章最后说：

"贾先生应该不会忘记自己所说的话：'骨片之中，虽有若干是经过人力所打碎，但是有第二步工作的骨器极少，如果严格地说，连百分之一都不足。'"

我与裴文中的争论，都是学术问题，观点不同而**争鸣**在学者之间是很正常的。有时争得面红耳赤，但不伤感情。我们得到稿费时，还经常一起到饭馆"撮"一顿。

经过对北京人化石和伴生出土的哺乳动物化石的研究，以及对出土化石层的绝对年代的测定认为，北京人是生活在70万—20万年前，一般准确说法是50万—20万年前，属于直立人。对北京人所使用的工具——石器、骨器进行的研究说明，他们打制的石器已经很好，并有不同的分类，这证明他们根据使用上的不同，已能打制出不同类型的石器。北京人还会使用火，并能使火成堆不向四周**蔓延**，这也证明了他们可以控制火。50 万年前的北京人能一下就懂了这么多吗？这些经验是需要很长时间的实践和总结，一代一代传授下来的。那么北京人能是最**原始**的人吗？

我和山西省考古研究所的王建都有相同的看法。而裴文中则认为北京人是世界上最早的人类，不会再有比北京人更早的人类了。我们认为裴先生的看法是把古人类学关上了大门，不利于这门科学的发展，因而我们写了题为《泥河湾期的地层才是最早人类的脚踏地》的短论，发表在 1957 年第 1 期《科学通报》上。

泥河湾期的标准地点在河北省西北部的阳原县境内，为一个东西长近百米，南北宽近 40 米的湖相沉积，以前在国际上一直被认为是距今 200 万—100 万年前早更新世地层的代表。我们在文章中这样写道：

"中国猿人的石器，从全面来看，它是具有一定的进步性质的。我们从打击石片上来看，中国猿人至少已能运用三种方法，即摔击法、砸击法、直接打击法（锤击法）。从第二步加工上来看，中国猿人已能将石片修整成较**精细**的石器。从类型上来看，中国猿人的石器已有相当的分化，即锤状器、砍伐器、盘状器、尖状器和刮削器。这种打击石片的多样性和石器在用途上的较繁的分工，无疑标志着中国猿人的石器已有一定的进步性质。虽然如此，但也**不容否认**，中国猿人的石器和它的制造过程还保留着相当程度的原始性质。

"人类是否有一个阶段是'用碎的石子，以其所成的偶然状为工具'呢？肯定说是有的。但事实证明，这种人类不是中国猿人，而应该是中国猿人以前的，比中国猿人更原始的人类。假若没有这样一个阶段，就不可能有中国猿人那样的石器产生。因为事物是由简单到复杂，由低级到高级而发展的。同时很多事实表明，人类越在早期，他的文化进程越慢。那么中国猿人能够制造较精细的和种类较多的石器，这是人类在漫长岁月中同自然做斗争的结果。由此可见，显然与中国猿人时代相接的泥河湾期还应有人类及其文化的存在。"

　　裴文中对我们的短论进行了**反驳**。1961 年他在《新建设》7 月号杂志上发表了《"曙石器"问题回顾》的文章。文章说：

　　"至于说中国猿人石器之前有人工打制的'石器'，我觉得这种说法也难以成立。周口店第 13 地点的时代是要比第 1 地点较早一些，但周口店第 13 地点的石器，我们始终认为它仍然是中国猿人制作的。而且也只有 1 件石器，虽然它的人工痕迹没有人**怀疑**，但不能说是一种文化，或者说是中国猿人文化以外或以前的一种文化。更不能证明中国猿人之前，存在着另一种人类，如莫蒂耶所说 Homosinia（半人半猿）之类的人一样。

　　"至于说中国泥河湾期（即更新世初期）有人类或有石器，我们应该直率地说，至今还没有发现同样的问题，也就是'曙石器'问题。在西方学者中曾争论了近百年，也有许多人尽了很大的努力寻找泥河湾期（欧洲维拉方期）的人类化石和石器，但没有成功。如果欧洲的科学发展程序可以为我们**借鉴**的话，我们除了在一些基本原则问题上展开'争鸣'以外，是否可以做一些有用的工作，如试验、采集工作？这比争论现在科学发展还没到达解决时间的问题，或比在希望不大的地层中去寻找有争论的'曙石器'，可能更有意义一些。"

我和裴先生对北京人是不是最原始的人的争论，引起了很大轰动。《新建设》《光明日报》《文汇报》《人民日报》《科学报》《历史教学》《红旗》等报刊上都发表了对此争鸣的文章和意见。参加这场争鸣的人除了我和裴文中外，还有吴汝康、王建、吴定良、梁钊韬、夏鼐（nài）等先生。大家都认为中国猿人不是最原始的人。

1962年，夏鼐在《红旗》第17期上，发表了《新中国的考古学》的文章，其中有这样一段话：

"1957年山西芮城县匼河出土的石器，据发现人说，比北京猿人还要早一些。现在我们可以将我国境内人类发展的几个基本环节联系起来。最近，关于北京猿人是不是最原始的人这一问题，引起了学术界热烈的争鸣。有的学者认为，北京猿人已知道用火，可以说已进入恩格斯和摩尔根所说的人类进化史上的'蒙昧期中期阶段'，不会是最古老的、最原始的人。匼河的旧石器也有比北京猿人为早的可能。"

到了这时，这场达四年之久的争论才算停止。虽然没有争出个子丑寅卯，但对这门科学是个大促进，它给这门学科也带来了很大的动力，大家为了寻找比北京人更早的人类遗骸和文化，拼命地工作，并为这门学科的发展带来了新的曙光。

找 到 了 比 北 京 人 更 早 的 人 类 化 石

🔥对待科学的态度，作者一直坚持以事实为依据、不畏权威的原则。为了进一步找到比北京人更早的人类遗骸，作为发掘队队长的作者来到了广西。蓝田直立人的发现，又一次在国内外引起轰动。至此，北京人是否为最早人类的争论画上了圆满的句号。

对待科学的态度，我认为人的头脑要围着事实转，不能让事实围着自己的头脑转。对的就要坚持，不管你面对的是外国的权威，还是中国的权威。错了就要坚决改，不改则会误人、误己。

科学是要以事实为依据的，争来争去，没有证据也是**枉然**。1953 年 5 月，山西省襄汾县丁村以南的汾河东岸，一些工人在挖沙时，发现了不少巨大的脊椎动物化石。山西省文物管理委员会接到报告后，派王择义前往调查。在县政府的**协助**下，征集到了 1.1 米长的原始牛角、象的下颌骨、马牙等动物化石，还有一些破碎的石器、石片和很像是人工打制的带有棱角的石球。同年，中科院古脊椎动物研究室的古脊椎动物专家周明镇到山西了解**采集**这些脊椎动物化石的情况。他见到了这些石片，认为有人工打击的痕迹，就把动物化石和石片等都带到了北京，准备进一步研究。旧石器除周口店外，在我国发现很少，大家见到周先生带回的材料非常高兴，并把夏鼐、袁复礼等专家请来，一是观看标本，二是讨论丁村地点是否应该发掘。结果大家一致同意把丁村发掘工作作为 1954 年古脊椎动物研究室的工作重点。1954 年 6 月，裴文中与山西省文管会的王建又到丁村进行了复查。由我任发掘队队长，裴文中、吴汝康、张国斌及山西省的王建、王择义等人参加，9 月下旬到丁村开始发掘。我们先进行了**普查**，共发现了化石点 9 处，编号为 54∶90—54∶98。后又在附近发现了 5 处，编号为 54∶99—54∶103。前后共发现 14 处。我们只选择了 9 处地点发掘，重点集中在 54∶98、54∶99 和 54∶100 三个地点。我们共计发掘了 52 天，挖土方 3320 立方米，共采集包括蚌壳、鱼、哺乳动物化石、石器等 40 余箱。在 54∶100 地点还发现了 3 颗人牙。后经吴汝康先生研究，认为人牙属于北京人与现代人之间的人类——丁村人。石器经我和裴文中研究，就时代而论，比周口店中国猿人（北京人）文化及第 15 地点的文化较晚，即属**更新**世晚期。但丁村文化是我国发现的一个旧石器时代晚期文化，无论在中国和欧洲，以前都没有发现类似文化。最初我们推论丁村文化是山顶洞人和北京人之间的一个环节，我们把各地点的石器都作为同一个时期的石器来看待。随着进一步研究，才发现各地点的时代并不相同，各地点的石器类型也不一致。

丁村旧石器遗址的发现，证明了旧石器文化在中国有着不同的传统，并非只有周口店北京人一种传统。丁村人的时代也比北京人的时代晚。虽然还没找到比北京人更早的人类化石和文化，但这对于这门学科也是可喜可贺的。

1957年和1959年，为了配合三门峡水库的建设，中国科学院古脊椎动物与古人类研究所在那一带做了许多工作。从发现的材料看，那一带是研究第四纪地质、哺乳动物化石和人类遗迹的重要地点。1960年，我们把匼河一带作为年度工作重点，同年6月我带队前往发掘，重点定为"60∶54"地点。那里的地层剖面很清楚，最下面的是淡褐色黏土，时代应为距今100多万年的更新世早期。在这层上面是含有脊椎动物化石和旧石器的桂黄色的砾石层，有1米厚；往上是4米厚的层次不平的交错层；再上是20米厚的微红色土，夹有褐色土壤和凸镜体薄砾石层；最上面是很晚的细沙和沙质黄土。在这里我们发现了扁角大角鹿、水牛、师氏剑齿虎等哺乳动物化石。发现的石制品是以石片为主，有大小石片和打制石片剩下的石核以及一面或两面加工过的砍研器等。扁角大角鹿在周口店北京人地点最下层和第13地点也发现过，根据这种动物的生存年代和绝种年代，我们认为匼河地点的时代应划为更新世中期的早期。从石器上观察，北京人的石器在制作技术上比匼河发现的石器有进步。尽管匼河的石器也有早晚之分，我们都按同一个时代看待它们，无疑匼河的石器要早于北京人使用的石器，至少60∶54地点的发现是如此。

虽然我们把重点放在匼河，但仍派出一部分人在附近**搜寻**新地点。在距匼河村东北3.5千米，黄河以东3千米的西侯度村背后，当地人称为"人疙瘩"的一座土山之下的交错沙层中，我们发现了1件粗面轴鹿的角化石，粗面轴鹿生活在100万—200万年前。在发掘粗面轴鹿角化石的过程中，还发现了3块有人工打击痕迹的石器。为了**慎重**起见，我们在《匼河》一书中，只说："其中还发现了几件极有可能是人工打击的石块。"1961年的6至7月间和1962年春夏之际，王建又主持了两次发掘。发掘都是在自然灾害等原因造成的全国都处在生活极端困难的情况下进行的。西侯度地点的地层剖面十分完整，总厚139.2米。产化石和石器的地层位于距底部79米之上的交错沙层中，有1米左右厚。从**剖面**就能看出，含化石和石器的地层属于更新世早期。发现的哺乳动物化石有剑齿象、平额象、纳玛象、双叉麋鹿、晋南麋鹿、步氏真梳鹿、山西轴鹿、粗壮丽牛、中国长鼻三趾马等，它们都是更新世早期的绝灭种。与化石同层发现的石器，除1件为火山岩、3件为脉石英外，其余都是各种颜色的石英岩。在石器组合中，有石核、石片、砍斫器、刮削器和三棱大尖状器，最大的石核有8.3千克重。我和王建在研究了这些石器后，写了《西侯度——山西更新世早期古文化遗址》

一书。

西侯度遗址的发现，使更多的人**确信**北京人不是最早的人类，这从文化遗存上得到了证实。能不能找到 100 万年前的人类化石呢？

1959 年，地质部秦岭区测量大队的曾河清在一次三门峡第四纪地质会议上，介绍了陕西省蓝田县泄湖镇的一个第三纪和第四纪的剖面。同年，中国科学院地质研究所的刘东生先生也到泄湖镇采集脊椎动物**化石**标本，并对第三纪地层做了划分。根据这条线索，中国科学院古脊椎动物与古人类研究所于 1963 年 6 月派出张王萍、黄万波、汤英俊、计宏祥、丁素因、张宏等 6 人组成的野外工作队，到蓝田县一带，开展了系统的地质古生物调查和发掘。7 月中在距蓝田县西北 10 千米的泄湖镇陈家窝村附近发现了一个完好的人类下颌骨和一些石器。下颌骨经吴汝康先生研究是距今 50 万到 60 万年前的直立人下颌骨。吴先生定名为"蓝田猿人"。这一发现增加了蓝田地区在学术上的重要地位。

1963 年第四季度，全国地层委员会扩大会议在北京举行。会上提出中国科学院古脊椎动物与古人类研究所与其他单位协作，再次对蓝田地区**新生代**（从六七千万年前到现在）时期的地层进行大范围的详细调查。参加这次调查的有地方部门、大专院校和中国科学院有关研究所共 9 个单位，对这一地区的地层、地貌、冰川、新构造、沉积环境、古生物、古人类和旧石器考古等学科涉及的领域进行综合性的考察和研究。古脊椎动物与古人类研究所除了参加地层调查工作外，还承担古生物、古人类和旧石器的发掘和研究任务。

1964 年春，所里派遣了以我为队长、由赵资奎等人组成的发掘队，对蓝田地区新生界进行了更大规模的调查和发掘。经过 3 个月的努力工作，我们不仅填制了 450 平方千米的 1：50000 新生代地质图，实测了 30 多个具有代表性的地质剖面，还发掘出大量的脊椎动物化石和人工石制品。5 月 22 日在蓝田县城东 17 千米的公王岭发现了 1 颗人牙。当我赶到发现地点时，天下着小雨，大家正围着大约 1 立方米被钙质结胶的土块商量。土块上露出了很多化石，化石很糟朽，一不小心，就会把化石挖坏。能否整块地运回北京，再慢慢地修理？经过讨论，大家决定用"套箱法"，即用大木箱将土块套起来，再将土块底部挖空，把箱子扶正，往空隙处灌上石膏。这一箱被钙质结胶在一起的化石运回北京后，经过技工几个月的修理，除了修出来哺乳动物化石外，10 月 19 日还修出了 1 颗人牙。几天后又出现了 1 个人的头盖骨、上颌骨和 1 颗人牙。

人类化石经吴汝康先生研究认定是距今 110 万年前的直立人头骨。吴先生也把它定名为"蓝田中国猿人"。其实公王岭的头骨应称"蓝田直立人"，简称"蓝田人"，而陈家窝的下颌骨从构造看应属北京人。

蓝田直立人的发现，又一次在国内外引起轰动，这是继

20世纪20年代末、30年代中期周口店发现了北京人之后，在我国发现的又一个重要的直立人头骨化石。它不仅扩大了直立人在我国的分布范围，而且把直立人生存的年代往前推进了五六十万年，从而给在我国有没有比北京人更早的人的争论画上了圆满的句号。

随之，1965年在我国的云南省元谋盆地上那蚌村附近的小丘梁发现了2颗人的上门齿，经研究测定，为170万年前的直立人化石。1998年在四川省巫山县的龙骨坡也发现了200万年前的石器，安徽省繁昌也发现了200万—240万年前的石器。这证明了人类历史的源头越来越提前。

人类起源的演化过程

> 随着古人类化石的不断被挖掘，人类起源于猿的说法得到了科学的论证。与此同时，人类对早期祖先的历史也越发感兴趣，关于灵长类的起源开始成为研究的重要环节。

周口店发现了北京人头盖骨之后，人们对人类起源的认识大为改观。过去反对人类起源于猿，说"人就是人，怎么能是从猿猴变来的呢"的那些人沉默了。在周口店不但发现了人的头盖骨，而且还发现了人工打制的工具——石器以及骨器、鹿角器、灰烬、烧石等人为的证据。我曾说过这样的话："北京人解放了其他国家所发现的早期人类化石。"

随着社会不断地前进，古人类学和旧石器考古学不断地壮大和发展，许多珍贵的人类化石和他们使用的石器在世界各地不断地被发现，古人类学基本上已经能够较完整地向人们展示人类演化的历史全过程。尽管在人类进化过程中仍存在很多缺环，有些问题还有很大的分歧和争议，但人类起源于猿的论点再没有人反对了。

　　既然人是从猿进化来的，人猿同祖，那么，人、猿、猴的祖先又是什么样的呢？这就要先了解灵长类的起源。

　　最古老的灵长类，也就是人类及现代所有猿猴的共同祖先，可上溯到6500万年前的古新世。这种动物不像猴，倒像松鼠，是爱在地上乱窜、专门以昆虫为食的胆小哺乳动物。在古新世，地球上到处都是**热带森林**，在这大片的森林中有很多很多外形像老鼠的哺乳动物，像今天的田鼠、鼹鼠、豪猪等都是它们的近亲。可能树上的食物比地上丰富，有一些像老鼠一样的早期哺乳动物开始爬上了树，以果实、昆虫、鸟蛋及幼鸟为食。今天仍有这种早期灵长类的后裔，称它们为"原猴"，其中包括狐猴和眼镜猴。这些原猴几千万年以来，体形骨骼几乎没什么变化，因为它们非常适应这样的生活环境。但是另外一些种类的原猴变化很大，它们随着环境、气候或其他与之生存相关的条件而变化，可能影响到物种的**演变**。这种变化大的原猴，由于树栖生活的缘故，它们的后肢变长，前爪渐渐失去了像鼠类那样的尖爪，变成了扁平的指甲。以后它们出现了特有的神经系统，能控制肌肉运动。特别是立体**视觉**的产生，使它们在大幅度地转动脑袋时，能准确地判断距离。因为不断地频繁处理从感觉器官传来的信息，并指挥四肢运动，所以它们大脑的进化程度和相对体积也都比其他动物大。到了3800万年前的始新世晚期至渐新世早期，至少已经有了较为高等的灵长类。

　　有一种叫"副猿"的灵长类，它的颌骨和牙齿与现代原猴类相近，是现代的眼镜猴或狐猴的祖先；还有一种叫"原上新猿"，它们身体的大小和一些结构细节与长臂猿相近；再有一种叫"埃及猿"，它的牙齿结构是典型的猿类，行动方式上也显示出了高等灵长类的特点。这类灵长类化石发现于1966年埃及法尤姆，大约3200万年前的渐新世地层中，被一些科学家认为很可能是人和猿的共同祖先。

在亚、非、欧三大洲距今2000万到1400万年前的中新世地层中，出土了许多被称为森林古猿的化石。1956年，在我国云南省开远小龙潭的**煤层**中发现了一些牙齿，也被定为森林古猿。森林古猿的化石发现很多，且与黑猿较相似，但一些特征很像猴子。人们发现森林古猿的个体差异很大，有的体型很小，有的体型很大，有的体型在大小之间。一些科学家认为人类有可能是由某个地方的森林古猿种群演化来的。

1932年，美国古人类学家路易斯在印度和巴基斯坦交界西瓦拉克山发现了一件中新世晚期的灵长类右上颌残片，将它称为拉玛古猿。它的齿弓不像其他猿类那样，几乎是平行的U形，显示出似人类的**抛物线**形。猿类有很长的犬齿，而人类的犬齿很小，拉玛古猿的犬齿也很小。拉玛古猿的生存年代估计在1000万—800万年前。与拉玛古猿化石伴生在一起的还有另一种猿类化石，后者被称为"西瓦古猿"。它与拉玛古猿很相似，只不过拉玛古猿具有一些似人的性状。从20世纪50年代以来一些专家把拉玛古猿看作是人类演化中最古老的猿类祖先，曾称之为"尚不懂制造石器的人类的猿型祖先"。也有一些学者认为拉玛古猿和西瓦古猿是同一类古猿，只是性别的差异。而拉玛古猿与人无关，只是亚洲的褐猿的**直系祖先**。

到目前为止，究竟哪类古猿是人和猿的共同的祖先，还没有定论，众说纷纭，有待于新的材料的发现和更深入的研究。

1924 年，在南非（阿扎尼亚）的塔昂，采石工人发现了 1 具似人又似猿的残破头骨，经南非约翰内斯堡维特瓦特斯兰德大学解剖学教授利芒德·达特的研究，认为这是 6 岁左右的幼儿头骨，全套乳齿保存完整，白齿的恒齿已开始长出，犬齿像人一样很小，并能**直立行走**，这具塔昂幼儿可能代表了猿与人的中间环节，被定名为"非洲南猿"。1925 年，达特在英国《自然》杂志宣布了这一发现，声称找到了人类的远祖。但是，在当时这一发现遭到了各方面的怀疑而被埋没了很多年。南非比勒陀利亚特兰斯瓦尔博物馆脊椎动物馆馆长罗伯特·布鲁姆认为达特的判断是对的，只不过没有足够的证据。他经过多年的**不懈努力**，终于找到了不少南猿的化石材料。这些南猿化石有两种类型，一种叫纤细型南猿，一种叫粗壮型南猿。而且南猿能直立行走，是早期人类的祖先。

在以后，非洲有很多地方发现过南猿化石。如南非的塔昂、斯特克方丹、克罗姆德莱、斯瓦特克兰斯、马卡潘斯盖等，东非坦桑尼亚的奥杜威峡谷，肯尼亚的图尔卡纳湖东岸，埃塞俄比亚的奥莫河谷等地区都有发现。亚洲南部也有可能找到他们的**踪迹**。

1974 年在埃塞俄比亚的哈达地区找到了一具保存达 40% 的骨架遗骸。这是一种十分矮小纤细的南猿，被称为"露西少女"。这是一种新的，更古老、更原始的南猿，被定名为"南猿阿法种"，经年代测定，生活在 330 万—280 万年前。此后又掀起了寻找人类祖先的**高潮**。

　　肯尼亚内罗毕柯林顿纪念博物馆的馆长路易斯·利基夫妇及儿子、儿媳，多年来一直为寻找人类的远祖和石器的制造者默默地在东非工作着。1950年，老利基夫妇在东非坦桑尼亚奥杜威峡谷找到了一个头骨。这个头骨从外表上看很像粗壮南猿，白齿很大，但仔细观察牙齿更像人的。利基将它定名为"东非人鲍氏种"。后来这具头骨归属南猿类的一个种叫"南猿鲍氏种"。1959年，利基夫妇又在奥杜威找到了简单的、用鹅卵石制造的工具，称之为"奥杜威工具"。1960年，利基的儿子又在东非距发现东非人不远的地方发现了牙齿和骨片，这些比鲍氏种，甚至比**纤细**型南猿更具有人的特点。利基将这些化石定为"能人"，认为这些"能人"是石器工具的制造者。这一看法被大多数学者所接受。

　　根据目前发现的化石材料看，学者们对人类的早期演化得出了大概的轮廓：

　　1. 人与猿至少在500万年前就**分道扬镳**了。

　　2. 400万—250万年前，远古人类在进化过程中，分成不同的几支，先进的与落后的同时并存。

　　3. 先进的一支继续向着直立人发展。落后的类型逐渐地灭绝。

　　能人再进一步进化，就成为直立人，他们生活在170万—30万年前。过去将他们称为"猿人"，比如，"爪哇猿人""中国猿人"（也称"北京猿人"）、"蓝田猿人"等。实际上直立人现在看来是人类在进化过程中的一环，他们会打制不同用途的

石器，有使用火和控制火的**文明史**，而且脑容量已达 1000 到
1300 立方厘米，下肢与现代人十分相似，说明其直立姿态已很
完善。所以我们现在将他们称之为人，如北京人、蓝田人、元
谋人等。虽然把这一阶段的人在学术上称为直立人，但并不能
说明南猿和能人不能直立行走。在人类起源整个过程中，人们
最初对于直立人（猿人）的全面认识，主要来自北京人的发现
及对其文化的研究。所以 1929 年，裴文中在周口店发现的第一
个北京人头盖骨在研究人类起源过程中占有重要的地位。

　　前面我们已经介绍了直立人发现的经过。直立人再进化就
到了**智人**阶段，他们生活在 20 万到 1 万年前，智人特别是晚期
智人与现代人在体质上基本没有多大的区别。

人类使用工具也是人类起源的证据

人猿同祖这一论点已是毋庸置疑的了。但是，做事严谨的贾兰坡认为在从猿向人类演化的过程中，会制作工具，有用火和使用火的文明史是人类在进化过程中至关重要的一环。于是，他又转向寻找人类使用工具的证据。

人是从猿进化来的，人与猿的真正区别在于人会制造工具。所以我一直认为，在从猿向人类演化的过程中，只有能制造工具时，才算是人了。

由于气候和环境的变化，热带和亚热带的森林逐渐减少，丰富的地面食物促使树栖生活的古猿开始向地栖生活转化。为了取食、**防御**猛兽的侵害、谋求生存和发展，它们不得不借助其他物体，来延长自己的肢体，弥补自身的不足。频繁地使用木棍和石块，慢慢地成了地面生活不可缺少的条件，这也意味着从猿到人的转变过程随之开始了。这些人科动物因频繁使用天然物，上肢逐渐从支撑身体的功能中**解放**出来，形成了灵巧的双手。上肢变短，拇指变长并能与其他四指相对，以便灵巧地捏、拿、握任何物体。整个下肢增强、变长，为了适应地面行走，大脚趾与其他四趾变短并靠拢，脚底形成有弹性的足弓和发达的后跟，逐渐形成了人的腿和脚。

特别是骨盆的变化更大，猿的半直立的**狭长**的骨盆开始向短宽强壮的人类骨盆发展，这说明人科动物正在向人的直立姿势进化。直立的姿势对身体结构也产生了一系列的深刻影响。例如，头部挺起来了，不再向前倾；颅骨的枕骨大孔位置由后逐渐前移；身体重心不断下移，脊柱逐渐形成S形弯曲；内脏器官的排列方式改变，大部分重量不压在腹壁上，而朝下压在了骨盆上，等等。

人与灵长类的区别，表现在直立行走，制作和使用工具，有发达的大脑和语言。双手使用天然工具，促使身体朝着直立发展，而直立又反过来进一步解放了双手。随着思维活动的增强，大脑也逐渐发达起来，脑容量增加了。产生了原始语言，也增强了**自觉能动性**。从使用天然工具逐步变成了制作适手的工具，最后到制作各种不同用途的工具。从猿到人的演化已经基本完成了。所以说古人类使用的工具，也是人类起源的最有力的**证据**。而古人类使用的石器和其他物品均称为"物质文化"或"文化"。早期人类由于认识能力和技术水平很低。当他们需要找比较坚硬的材料制作工具时，最现成的原料就是石头。石头取材方便、加工简单、何况在不会制作石器之前，他们就使用了天然石块做武器或工具了。随着对石块认识的加深，他们开始有选择地使用带刃的、较为锋利的石块，用钝了就扔。人类活动的频繁和复杂化，使人类懂得了制作简单的工具。随后对原材料的选择也有了进一步的认识。石器的加工也日益精致，最后能按不同的用途加工成**各种各样**的形状。

石器加工的粗糙与精致，除了技术原因外，原材料也是一个很重要的因素。古人类所处的生活环境中，有优质的原材料，就能打制出很**精美**、很锋利的石器；没有优质的原材料，打制出的石器就很**粗糙**。为了寻找优质材料加工石器，他们把选择优质石料作为一项重要的采集工作，或把优质石料的产地，当作他们的采集场或石器加工场。

目前，根据对旧石器时代的石器的发现和研究、比较，石器可以分成砍斫器工艺类型、手斧工艺类型、石片（石叶）工艺类型。砍斫器和手斧类型多是重型工具，石片（石叶）类型则是轻型工具。有些学者认为重型石器多为住在森林中的人使用，工具的用途以**砍伐**树木、敲砸骨头和坚硬的果实为主；轻型工具（最小的不足1克，大的也只有10多克）可能为草原上的人所使用。按这种说法推论，同一地点发现的石器有大有小，就是居住的环境既有森林，也有草原了。北京人当时在周口店居住的环境就是如此，所以其地点发现的石器有大也有小。

世界各地发现的石器各不相同，这只是从总体上来看的，相同的类型有时也有，只是比例上有大有小而已。欧洲发现的石器多是用石核或厚石片两面打成的，又称作"两面器"。这种石器在欧洲占有主要的地位。我国的石器多数是石片再加工成的，虽然也有石核打制成的石器，但比例不大。相反，在欧洲发现的石器虽然也有石片石器，但为数较少，在石片的制作方法和器形上也与我国的不同。

随着人类历史的发展，人们认识到了强化生产活动和工具使用的效率这个问题。旧石器时代的中晚期已有磨光石器被**零星**使用，磨光石器一直被认为是新石器时代的代表性物品。磨光石器一般被认为与砍伐树木、开田务农有关。虽然打制的石斧也能砍伐树木，但很容易变钝，需要经常修理，而修理后的石斧又不如原来的锋利，大大影响了工具的使用寿命。经过磨光后的石器，表面光滑，**刃口平直**，砍伐时的阻力比不磨光的小得多。虽然磨光一件石斧要比打制一件石斧花费的时间长得多，费力也多，但它们的使用寿命也长，使用时也很省力。有一项试验表明，一柄磨光的石斧在4个小时里砍伐了34棵树之后，刃口才变钝。随着农业的出现，在农耕中采用磨光的石锄和石锛有着极大的优越性。以后磨光石器**应运而生**。

长期以来，把磨光石器作为新石器时代的代表器物的同时，也把陶器视为新石器时代的一种标志。陶器的发明和使用，与人类农耕定居活动有着密切的关系，与人类生活方式的变化有关。陶器的功能一般用于**贮藏**和炊煮食物。但在陶器发明之前，在旧石器时代晚期，制陶技术就已经出现，那时只是用焙烧方法制作陶像，还没想到用这种方法也能烧制容器。制陶工艺在28000—24000年前开始出现，而陶器的出现要晚14000年左右。

如何划分旧石器时代和新石器时代，学术界现在还没完全统一。有的学者在旧石器时代和新石器时代之间又划出一个"中石器时代"，但我并不赞成这种划分。我国早在28000年前就有了磨制技术，农耕的出现也比估计的要早。距今13000年前就发现了陶片，所以我认为陶制品就是很好的**凭证**，只要有了陶器，那么就可以称为新石器时代了。

人类诞生在地球历史上的位置

人类的起源和进化问题在大量的证据面前已经不存在太多争议，而伴随着人类化石材料不断地被发现，人类起源的时间也越来越提前，另一个问题也应运而生：人类是诞生在这个神奇的地球历史上的哪个位置？

人类进化的历史已经有几百万年了，但与地球的历史相比较，也只不过是很短很短的事。尽管早期的人类化石材料不断地被发现，人类起源的时间也越来越提前。根据我个人的观点，人类的历史已经有400万年了，但与地球的历史相比也只是一瞬间。

现在探索的结果，地球的形成已有45亿—50亿年了。根据地史学的研究和国际上的统一规定，整个地球的历史分为五个大的阶段，这五大阶段称作"代"：太古代、元古代、古生代、中生代、新生代。每个代再分成若干个次一级的单位，叫作"纪"；每个纪再分成若干个再次一级的单位，叫作"世"。

还有的国家和地区，把"世"又分成若干"期"。

太古代，地球形成之后，很长一段时间内是没有生命的，生命还处在化学进化阶段，这个年代距离我们今天太**遥远**了。

元古代，大约距今 17 亿年前，地壳发生了一次大的变动，生物界出现了一次大的飞跃，生命从化学进化阶段一跃而进入了生物进化阶段，有生命的物质开始出现。元古代又分成前震旦纪和震旦纪。元古代的早期叫作前震旦纪，晚期大约开始于 19 亿年前，结束于 5.7 亿年前，叫作震旦纪。

古生代，大约在距今 5.7 亿年前，地球的环境又发生了一次大的变动，促使生物界出现了一次**空前**的大飞跃，大量的古代生物在地球上开始出现。古生代分成了 6 个纪：寒武纪，始于 5.7 亿年前，结束于 5 亿年前；奥陶纪，始于 5 亿年前，结束于 4.4 亿年前；志留纪，始于 4.4 亿年前，结束于 4 亿年前；泥盆纪，始于 4 亿年前，结束于 3.5 亿年前；石炭纪，始于 3.5 亿年前，结束于 2.85 亿年前；二叠纪，始于 2.85 亿年前，结束于 2.3 亿年前。

中生代，大约在二叠纪末期，由于环境适宜，地球上的脊椎动物大量**涌现**，特别是爬行动物空前繁盛。各种"龙"特别多，水中有鱼龙，空中有翼龙，陆上有各种恐龙，所以中生代又称为"龙的时代"。中生代划分为三个纪：三叠纪，始于 2.3 亿年前结束于 1.95 亿年前；侏罗纪，始于 1.95 亿年前，结束于 1.35 亿年前；白垩纪，始于 1.35 亿年前，结束于 6700 万年前。

新生代，在中生代末期，地球的气候发生突然变化，也有人认为是彗星撞上了地球，植物大量毁灭，引起了生物界的连锁反应，以植物为生的动物大批灭绝，又给以食肉为生的动物带来了死亡的威胁。总之，在地球上**称霸**一时的各类恐龙迅速灭绝，而在中生代出现的一支弱小的哺乳类动物，得到了生存和发展的机会，派生出很多支系，使地球上的生物出现了一个**崭新**的面貌，地球也进入了一个更加繁荣的新时代。新生代分两个纪：第三纪和第四纪。第三纪又划分五个世：古新世、始新世、渐新世、中新世、上新世。第四纪分为两个世：更新世和全新世。

人类是在第四纪开始出现和进化的，比起地球的历史当然是一瞬间的事。有一位科学家打了一个**通俗**的比喻，如果把地球的历史比作一天的 24 小时，那么 1 秒相当于地球历史的 5 万年。按现今的发现，把人类的历史按 300 万年计算，人类的出现只相当于 24 小时的最后一分钟。

午夜零点	地球形成
5 时 45 分	生命起源
21 时 12 分	鱼类产生
22 时 45 分	哺乳类动物出现
23 时 37 分	灵长类出现
23 时 56 分	拉玛古猿出现
23 时 58 分	南方古猿出现
23 时 59 分	能人出现
午夜前 30 秒	直立人（猿人）出现
午夜前 5 秒	智人出现

第四纪开始的重要标志是人类的出现。由于古人类化石不

断地被发现，而且人类化石的年代越来越早，所以第四纪起始的年代也越来越往前提。20 世纪 20 年代到 30 年代，在古人类学和考古学研究**领域**中，一般认为北京人是属于更新世早期的人类。第四纪起始年代定为距今约 60 万年前。随着爪哇人被承认为直立人阶段的古人类，而且年代比北京人还要早，国际地质学会 1948 年在伦敦的会议上，把欧洲的维拉方期和中国的泥河湾期划归为**更新**世早期，北京人生活的时代为更新世中期，第四纪起始年代改为约 100 万年前。到了 20 世纪 60 年代，超过 100 万年的古人类化石又不断地被发现。第四纪起始年代又前推到了 150 万—200 万年前。近十多年，非洲大陆不断地有更早的人类化石发现，第四纪起始年代又推到 300 万年前。

我认为，根据目前的发现，必将在上新世距今 400 多万年前的地层中找到最早的人类遗骸和最早的工具，人能制造工具的历史已有 400 多万年了。

1989 年，在美国西雅图举行的"太平洋史前学术会议"上，我曾建议把地质年表中的最后阶段"新生代"一分为二，把上新世至现代划为"人生代"，把古新世至中新世划为新生代。我认为这样的划分比过去的划分更**明确**。

21 世纪古人类学者的三大课题

古人类学者至今仍面临着人类起源的时间、地点和演化过程中先进与落后的重叠现象三大课题，这也将是今后这门学科研究的最富有吸引力和最引人注目的主要课题。

随着我国的改革开放，经济上的崛起，科教兴国政策的实施，在科学和文化领域必将有一个**欣欣向荣**的崭新面貌。有人称 21 世纪是中国在各方面全面发展的世纪。从 20 世纪初我国兴起古人类学、旧石器考古学，到目前为止，对人类起源的时间、人类起源的地点、人类在演化过程中先进与落后的重叠现象这三大课题的探索还没有一个满意的答案，这将是这门学科在 21 世纪的主要研究课题，也是古人类学研究中最引起人们**注目**和最富有吸引力的课题。

人类起源的地点，最初有人认为是欧洲，因为欧洲研究古人类的历史较早，最早发现的古人类化石也在欧洲。

随着古人类学的发展，古人类化石和文化的不断发现，欧洲起源说没人赞同了，就连欧洲的学者也承认人类起源地不在欧洲。后来非洲发现了古人类化石，有人把目光转向了非洲，说人类起源于非洲。当亚洲有了更多的古人类化石发现后，又有人认为亚洲是人类的发祥地。这个问题直到现在还在争论。

美国学者马修1911年在纽约科学院宣读了《气候与演化》的论文，论文中他支持1857年利迪提出的人类起源于"中亚"的论点。利迪认为，在中亚高原或附近地带出现了最早的人类。不过利迪的论点在当时没有受到人们的重视并被接受。美国人类学家奥斯朋1923年提出：人类的老家或许在蒙古高原。他认为最初的祖先不可能是森林中人，也不会从河滨潮湿、多草木、多果实的地方崛起。只有高原地带环境最艰苦，人类在那里生活最艰难，因而受到的刺激最强烈，这反而更有益于演化，因为在这种环境中崛起的生物对外界的适应性最强。

我的观点是，人类起源于亚洲南部即巴基斯坦以东及我国的广大西南地区。这是因为1965年在我国云南省元谋盆地发现了170万年前的元谋直立人牙齿，1975年在云南省开远县和禄丰县发现了古猿化石，这种最初定名为拉玛古猿的化石出土的褐煤层，距今有800万年的历史，处于中新世晚期到上新世早期。这种古猿最带有人的性质，被称为"尚不懂制造石器的人类的猿型祖先"。在元谋县班果盆地也有人型超科化石的发现。

1975年，中国科学院古脊椎动物与古人类研究所的专家们，到喜马拉雅山脉中段和希夏邦马峰北坡海拔4100米—4500米的古陆盆地考察，发现了时代为上新世（距今500万—200万年前）的三趾马动物群。除三趾马外，还有鬣狗和大唇犀等。从三趾马的生态环境看，那里多是森林草原的喜暖动物。根据当地孢子的花粉分析，此地曾生长椎木、棕榈、标树、雪松、藜科和豆科植物，这些都是属于亚热带植物。

1966—1968 年，中国科学院组织的珠穆朗玛峰综合考察队，连续三年在那里进行考察和研究。郭旭东先生发表了论文，认为在上新世末期（200 多万年前），希夏邦马峰地区的气候为温湿的亚热带气候，年平均温度为 10℃左右，年降水量 2000 毫升。喜马拉雅山在上新世时高度约海拔 1000 米，气候屏障作用不明显。这些条件都适合古人类的生存。我在 1978 年出版的《中国大陆上的远古居民》一书中就这样表述过："由于上述的理由我赞成'亚洲'说，如果投票选举的话，我一定投'亚洲'的票，并在票面上还要注明'亚洲南部'。"

关于人类起源的时间也是大家最关心的问题。人是由猿进化来的，已经没有疑议了，那么人猿相区别是在什么时候呢？人是与猿刚一区别的时候就应该叫作人，还是从能制造工具的时候才算人呢？周口店北京人发现之后，才知道人已有 50 万年的历史了。随着对北京人使用的工具——石器的深入研究，发现它们的加工很细，不但能选用石料，还能分出各种类型，这证明北京人因用途不同而会打制不同类型的石器。再有，在北京人遗址发现了灰烬，而且成堆，里边还有被烧烤过的石头和动物骨髓，这证明北京人不但已经懂得使用火，而且还会控制火。这些进步都不可能在很短的时间内认识到或者做到，必须经过很长时间的实践和总结。因而我和王建先生提出了北京人不是最原始的人的论点，并发表了《泥河湾期的地层才是最早人类的脚踏地》的短论，引起了长达4年之久的公开争论。随后发现了元谋人、蓝田人化石，西侯度、东谷培、小长梁等地的石器，经研究证明，它们都比北京人早得多，距今已有180万—100万年的历史。就文化遗物——石器而言，目前发现的石器都有一定的类型和打制技术，当然不能代表最原始的技术，但目前谁也不能肯定地说出最原始的石器是什么样。现在发现又有了最新进展，在四川省巫山县的龙骨坡发现了200万年前的石器，在安徽省繁昌地区也发现了200万—240万年前的石器。

我在1990年发表的《人类的历史越来越延长》一文中说过："……（人）能制造工具的历史已有400多万年了。"说来也巧，这篇文章发表不久，美国人类学家就在非洲发现了400多万年前的人类化石。

人类在演化过程中的重叠现象是非常复杂而又十分**棘手**的问题。人在演化过程中并不是呈直线上升的，而是原始与进步同时并存的，我把它叫作"重叠现象"。这种表现最为**显著**的是，辽宁省营口市发现的金牛山人和周口店发现的北京人相比，金牛山人比北京人要进步得多，属早期智人。而北京人生活的年代是70万—20万年前，在这段时期内，北京人的体质变化不大，这就说明先进的金牛山人出现的时候，落后的北京人的遗老遗少们还仍然生存于世。他们之间可能见过面，也可能为了生存彼此之间还打过架。这种重叠现象，并非仅在中国存在。

重叠现象不仅存在于人类演化的过程中，他们遗留下来的石器也**屡见不鲜**。过去我在华北工作的时间较长，把华北的旧石器文化划分为两个系统，这是按照石器的大小和使用的不同而划分的。在广大的国土上是否有其他系统和类型？答案是肯定的。因为人类有分布，文化有交流和交叉。

在河北省阳原县小长梁发现的细小石器，制作精良，最小的还不到 1 克重。这些石器能与欧洲 10 万年前的石器**媲美**。1994 年中国科学院地球物理研究所专家用先进的超导磁力仪测定，小长梁遗址距今为 167 万年。虽然这为我提出来的"细石器起源于华北"增加了证据，但石器之小，打制技术之好，年代之久远，仍是令人百思不得其解。是什么人打制的呢？

以上三大问题是 21 世纪古人类学者和旧石器考古学者面临的重大课题。不是外国人说什么就是什么，也不是一两个"权威"就能说了算数的，这是全世界这门学科的学者所面临的课题。既然如此，就应该展开国际间的合作，特别是要培养更多的年轻人参加到这门学科队伍中来，他们思想开放，更容易掌握先进技术和方法。要解决这三大问题，古人类学者和旧石器考古学者**任重而道远**。

保护北京人遗址

周口店遗址的发掘，在研究人类起源问题上有极大的影响。它所出土的化石之多，背景之全，至今仍令世界叹为观止，它也因此被联合国教科文组织列入《世界文化遗产名录》。随着时间的流逝，如何保护好周口店遗址成为当代人面临的问题。

我是从发掘周口店起家的，我的成长、事业、命运都与周口店紧紧地连在一起。没有周口店，也就没有我的今天。青少年朋友可能不知道有我这个贾兰坡，但一定会知道周口店北京人遗址，这在课本上都会学到的。在周口店北京人遗址里，发现古人类和古脊椎动物化石材料之多，背景之全，在世界上是首屈一指的。很多科学论著、科普文章、教科书以及一些报纸杂志在论述人类起源问题时，不论是国内的还是国外的，都会提及周口店。这也说明周口店在研究人类起源问题上的重要位置。1987 年，联合国教科文组织将周口店北京人遗址列入《世界文化遗产名录》。1992 年，北京市政府把周口店北京人遗址列为北京青少年教育基地。同年，它又被评为北京十大世界旅游景点之一。1993 年，在第七届全运会上，我亲手在这里点燃了"文明之火"的火种，它与"进步之火"在天安门广场汇合，象征着中华民族的文明与进步**日益腾飞**。

到 1999 年的 12 月 2 日，距离北京人第一个头盖骨的发现已经 70 年了。自从敲开了北京人之家的大门后，北京人遗址有了它非常辉煌的时期，而如今由于经费不足，无力保护和修缮，使第 1 地点、山顶洞、第 4 地点、第 15 地点都受到不同程度的损坏。有人在著述中很形象地比喻说："它就像人们迁入了现代化的公寓后，无意再光顾昔日的**竹篱茅舍**一样受人冷落。"有人在《光明日报》上撰写文章说，周口店遗址以厚厚的尘埃和**萧条**陈旧的衰落之态呈现于世人面前。1988 年，联合国教科文组织在中国考察了几处文化遗产，指出周口店遗址比起故宫、长城、秦俑、敦煌，是目前保护最差、受损最严重的一处。

随着社会的进步，科学的发展，现代文明越来越被人们接受。我们古老的祖先——北京人早在50万年前，就学会了打制各种类型的石器，特别是学会了用火，并能控制火。他们也在创造文明。我们决不应该忘记。

我曾多次著述和呼吁：要保护好这个世界文化遗产，希望有识之士像20世纪30年代的洛克菲勒基金会一样资助周口店。**可喜**的是，党和政府正在着手做这方面的工作。1996年，联合国教科文组织、中国科学院、法中人种学基金会联合召开了"修复世界文化遗产——北京人遗址"方案论证会。论证会十分成功。有关方面将着手拨款在周口店修建一个世界一流的古人类博物馆，抢修第1地点和山顶洞的方案也在**筹备**之中。

我常想，要把这门科学世世代代传下去，就要为青少年普及这方面的科学知识，使青少年能够产生对这门科学的爱好。既然周口店是青少年教育基地，那么，除了保护好它之外，在有条件的情况下，在遗址周围还应该仿照50万年前的情景，种上树木和草丛，塑造出正在打制石器、狩猎、采集果实、使用火的北京人，逼真地再现北京人的生活场景，使参观者一走入北京人遗址的大门就仿佛倒退到50万年前。这样，北京人遗址会越来越受到人们，特别是青少年的喜爱，成为真正的教育青少年的基地。青少年对这门科学产生了**浓厚**的兴趣，就会有更多的青少年加入这门学科的队伍中来；这门科学有了新鲜的血液，就会更有活力，就能有更加快速的发展，也就能再现新的辉煌。

悠长的岁月

作者用平实的语言，讲述了自己人生中与科研和做人相关的故事。从中我们能看到和感受到贾兰坡等科学家们的奋斗历程以及他们热爱祖国、无私奉献的精神。

（选文有删节）

主持周口店发掘

裴文中先生去法国留学之后，我接受了主持发掘周口店遗址的工作。在魏敦瑞教授的指导下，周口店遗址的发掘工作有序进行。然而迟迟没有进展的发掘工作让我开始确立新的研究目标。

按照预先的安排，裴文中1935年要去法国留学，所以从1934年起他就不经常来周口店了，他要在家学习法文。卞美年对考古这项工作不感兴趣，他对经济地质感兴趣。而这一年的春天，我又晋升为技佐，周口店的工作，实际上由我在负责。

从实践中，我学会了挖掘的程序，一些原来由裴先生承担的工作，如绘制剖面图、平面图，照相，标本的记录、编号，填写"日报""月报"等既多又杂的工作，只要我学会了一样，裴文中就会叫我多干一样。这也无形中锻炼、培养了我。

裴文中要走，领导上想把主持周口店发掘的工作交给我来做，让我接裴文中的班。我虽然热爱这项工作，但总觉得自己不够格，感到压力很大。经过杨钟健的一番开导，我也只好从命了。

主持周口店工作以后，我生怕自己**胜任**不了，把工作办砸了，心里一再打鼓。不久，杨先生派来了燕京大学生物系毕业的孙树森和北京大学地质系毕业的李悦言参加周口店的工作。杨钟健打算叫孙树森跟我合作，叫李悦言学习如何发掘和处理化石。我心里很高兴，这回有了伴，遇见什么事也可以商量了。可是没过多久，孙树森就开始**埋怨**，说这是把他发配到周口店，整天和石头、骨头打交道，毫无乐趣。他没待几天就走了，据说后来到某个中学教书去了。李悦言也只干了一年多，就到山西垣曲搞始新世化石去了，结果周口店又只剩下我一个人。

　　就在我接班的这一年，德国犹太人、世界著名的古人类学家魏敦瑞来华接替步达生的工作。来华之前，他在美国芝加哥大学任解剖学和人类学教授。那时候他就认为，周口店发现了头盖骨、下颌骨和许多人牙，但人体的骨骼很少，是由于发掘的人不认识的缘故。

　　到了北平之后没几天，魏敦瑞就到周口店检查工作，之后又**接二连三**地到周口店勘查地层，仔细观察工人们挖掘化石的工作，还问过我大型食肉类动物的腕骨与人的腕骨有什么不同，我对他做了详细的解答，他很满意。最后他对周口店的工作信服地说："这样细致的工作，不会丢掉重要东西，是可靠的。"从此以后他不常来周口店，每个季度大约只来一两次。1935年的发掘主要集中在北京人遗址，只有一小部分人仍然发掘山顶洞的下部堆积。这一年的结果，除了发现一些人牙，灰烬层里的一些烧骨和石器外，没有什么新鲜东西。但使我感到奇怪的是，上层发现的石器较小，底层发现的石器较大。我常自问，这是为什么？

　　没有新发现，就觉得自己的工作没成绩。我向杨钟健建议，停止周口店的发掘，把人员分成几个小分队，由我带着到周口店以外的地区寻找新的地点。我想，古时的人总不会在周口店一处生活吧！杨先生怕改变发掘地点和范围，会有悖于当时地质调查所与美国洛克菲勒基金会两方制定的协议，而得不到**资助**，反而不好，所以没有同意。

　　其实，为了找新地点，从1934年起我就开始了行动。有时我和技工杜林春，有时是和技工柴凤歧等人出去寻找。我们往西到了斋堂，即马兰台（"马兰黄土"的标准地点）。其实所谓的马兰台黄土（华北更新世晚期黄土，典型的风力堆积物，因附近清水河右岸有马兰阶地而命名此类黄土为马兰黄土）并不标准，真正的标准地点在马兰台以北、东西大道的北山坡上。

寻找和开辟新地点成了我们额外的工作。特别是与专家学者们一起去勘查，从中更能学到很多地质学、古生物学、古人类学等方面的知识。在20世纪30年代后期，我们曾到离周口店之北数十公里的灰峪。在那里发现过一处很好的哺乳动物化石地点，我们把它编为第18地点，后经德日进研究，此处地质时代为更新世早期。

在周口店北京人化石地点之南不足2000米的地方，有一座小山，其顶部高出现在的河床约70米。上面有一个簸箕形的砂岩沉积物，沙质很细，沙层薄厚不同。用钢凿把沙层揭开，就发现了鱼的化石。鱼化石很多都是整条整条的，身子还微微鼓起来，鱼刺看得清清楚楚。化石表面还有光亮的鳞片，栩栩如生，十分惹人喜爱。后经科学家研究，其处地质时代为上新世。这证明了七八百万年前，山顶上是一条河。北京人居住过的洞穴，其顶大约也高出地面70米，上面也有一层细沙，细沙上面还有一层砾石。这些都是被大水冲流的凭证，显然这一带的地层曾有过抬升。这些额外的发现，对未来的地壳抬升研究很有帮助。

裴文中先生到了法国，我于当年10月17日收到了他9月24日的来信，信中说："……我觉得我国许多山洞应当钻。上房山云水洞好，请与杨、卞两位先生去一趟。扁担窝及附近洞也请去看看。地上、壁上都要留心。入洞时要特别小心，不可粗鲁，因时有危险，最好买一部手提电灯，走到十字路口要留记号，以便出来。洞内有水，深浅不易辨别，先试着走。如此可以探洞，或有发现。"这也说明裴文中先生也有寻找新地点的想法。

魏敦瑞来了之后，为了寻找人类化石和文化，他想扩大发掘范围，不过还是叫我们先集中力量发掘第 1 号地点（即裴文中发现第一个头盖骨的地方）和在它之南的 15 号地点。我每天在这两个地点穿梭般地跑，唯恐丢漏人类化石。对于已发现的化石，魏敦瑞一点儿没兴趣。

卞美年从北平给我来信，要我把 15 号地点的工作告一段落，即挖完一层就停止，然后集中力量挖第 1 号地点。他的信对我很有启发。他又在另一封信上说："找不到东西（指人类化石）可以不必发愁。月底收工，如果没有的话，那是死鬼要账，咱们是变不出来的。"我想想也是这个理，挖不出来人类化石我有什么办法。

卞美年的来信虽然给我一些安慰，但没有发现人类化石，我心里也时常烦闷。烦闷时，我就把已发现的石器和骨器拿出来观察。以前发现的石器编了目录，骨器也编了号，1932 年发现的石器我都亲手摸过，很熟悉。所以一有闲暇，我就对它们进行分类和研究，不想越研究越想再深入，越想深入就越着迷。我想，我何不在旧石器时代考古上下功夫，创出一个新天地，争取做一名高手呢！从此我就为自己确立了新的目标——旧石器考古。当然杨先生说的四条腿走路还是必须坚持的，因为它们之间有着内在的联系。

盐井沟挖"龙骨"

为了开辟新的地点，我和技工杜林春被派往四川万县盐井沟进行调查和发掘。虽然这一路并没有什么实质性的收获，但对于第一次出远门的我来说，开阔了视野，也体会到了地质调查的艰辛。

人类化石找不到，才觉得开辟新地点很有必要。

1935 年完成了周口店的发掘工作后，1936 年年初经所长批准，我和技工杜林春被派往四川万县盐井沟进行调查和发掘，因为有人在那里发现过很多的哺乳动物化石。

到达宜昌的第二天，我俩就跑到河边勘查，偶然间发现了一块上窄下宽呈尖形的石器。该石器是用火石薄片从两面打制而成的，虽经河水**冲刷**，但打击的痕迹很清楚。从考古上看，它的时代相当于欧洲的旧石器中晚期。能捡到石器，我俩非常高兴，我们马上沿着南岸在河滩上和岸边仔细寻找起来。找了一天，**一无所获**。我们的目的是到万县盐井沟找哺乳动物化石，所以不敢在此久留。第二天，我们雇了一条小船，沿江右岸逆水上行，往盐井沟而去。

小船载着我俩先到了一个小镇，镇上只有百十户人家。我俩找了一家小店住下。店主人是一对夫妇，他们总共只有三间房，一间他们夫妇住，中间是烧饭的地方，另一间就是我俩住。这里是否就是盐井沟也不得而知，只听说曾有外国人到过这里，挖过"龙骨"（即化石）。第二天我俩由一个十二三岁的小孩儿领路，前往出化石的地点。小孩儿带我们**东拐西绕**，到了下午2点多才又来到一个"村庄"。其实这个所谓的村庄里，家舍都**不相毗邻**，东一家西一家的。此时我们饿得肚子咕咕直叫，走到一家门前，看见一位年轻的妇女，想要点儿吃的。她看看我们说没有，就跑进屋了。领路的小孩儿指了指在外间屋子挂着的篮子，杜林春过去摘了下来，看见里面装的是用稻米饭捣成的饼子。正在这时有位老太太走了进来，她问："是哪里来的客呀？怎么不进屋啊？走，进屋我给你们烧饭。"说着把我们让进了屋，接着又动手把米饼切成薄片，炒了三大碗名为"炒二块"的食物。我们**狼吞虎咽**，吃了个精光。我们向老太太道了谢并付给她1块银圆作饭钱。

其实我们要找的地方沿山路拐两三个弯就到了，并且当地早已为我们准备好了伙食和住处。我们被小孩儿领错了路。找到了地方后，休息了一宿，第二天早晨天一亮我俩就跑到化石地点察看。一到目的地，心凉了半截。这里出土的化石并非来自洞穴，而是来自石灰岩地带井式上直下的深坑。我们借来梯子下去查看，发现里面有很多当地农民挖"龙骨"后剩下的骨头碴子。没办法，我们只好雇了几个农民，把红色的土一筐筐吊上来，我俩在上面捡骨头渣子。我俩也想找个新井穴，但此地植被太多，很不容易找。这样工作了五六天，看看也没什么收获，我们就返回了刚来时住的那家镇上小店。翌日，我们雇了条小船沿江南岸而下，边行边察看，遇见土层外露的地方，就下船察看。**走走停停**，这段时间里也未找到东西，我们就又回到了宜昌。在宜昌岸边的始新世地层中，我们得到了一块龟盖和一个相当大的动物头骨。这个头骨我俩花了半天才把它挖出来，也算是我们万县之行最大的收获了。

这是我第一次出远门，此行使我开阔了眼界，也尝到了地质调查的苦。为了不影响周口店的工作，我们在宜昌**草草收场**，然后赶回北平。在家没待多久，周口店新的一年发掘工作就又开始了。

发现了三个头盖骨

> 面对日本侵华战争日益嚣张和经费紧张的困难局面，独挑大梁的我心急如焚。就在大家快要失去希望的时候，事情迎来了转机：我发现了三个头盖骨、一个下颌骨和三枚牙齿的消息，一时间传遍了全国和全世界。

    1936 年周口店的发掘任务仍是寻找人类化石。李悦言、孙树森两人相继离开了周口店，我又成了**光杆司令**。魏敦瑞来北平一年多了，除了一些人牙外，没有见到其他重要材料，**心急如焚**。其实我们也是如此。更使我们担忧的是，美国洛克菲勒基金会只给了 6 个月的经费，而魏敦瑞拨给周口店的费用每月仅 1000 元。如果 6 个月后再无新的发现，洛克菲勒基金会可能会断了对周口店的资助。

    此外，日本侵华战争也正一步步向华北推进，中央地质调查所已随国民党政府迁往南京。

    杨钟健就任北平分所所长，他担心新生代研究室得不到资助，会散摊，我会另找工作。当时我已升为技佐，相当于讲师，找一个教书的差事不会很难。他找我谈了几次话。他问我，如果新生代研究室取消，就在周口店成立个陈列馆，你去管理怎么样？愿意不愿意？我同意了。尽管大家对"后事"都做了安排，但我是周口店的负责人，还是兢兢业业、勤勤恳恳地在周口店干，一点儿也不敢马虎。杨钟健也是三天两头地到周口店检查工作，他看见大家都专心工作，也放了心。

天无绝人之路。正当我们为找不到人类化石而一筹莫展的时候，工作突然出现转机。在这一年的 10 月 22 日上午 10 点钟左右，当我们发掘到 8—9 层时，我突然看到在两块石头中间，有一个人的下颌骨露了出来。当时那高兴劲儿就别提了。我马上趴在现场，小心翼翼地挖起来。下颌骨化石已经碎成几块，每块都被土石包裹着。我们把挖出的化石立刻拿到办公室修理，再用火炉子烘干，第二天派人把它送到了魏敦瑞手中。他看到后，高兴了起来，很长时间愁苦着的脸有了笑容。几个月的工夫没白费，发现了下颌骨给大家以很大的鼓舞，我们都来了神，我决定继续干。11 月 15 日，由于前一天夜间下了一场小雪，到了早上 9 点钟我们才开始工作。9 点半，在临北洞壁处，技工张海泉在他负责的方格内的沙土层中，也挖到了一块核桃大小的碎骨片，当时我离他很近，看见他把骨片放进了小荆条筐里，我问是什么东西，他说："韭菜（即碎骨片之意）。"我过去拿起来一看，不由大吃一惊："这不是人头骨吗？"大家听我一嚷，马上围了过来。

我马上派人把现场用绳子围了起来，只许我和几名有经验的技工在内挖掘，其他人一概不许进入。我们挖得非常仔细，就连豆粒大的碎骨也不遗落。在这约半米多的堆积内，发现了许多头盖骨碎片。慢慢地，耳骨、眉骨也从土中露了出来。我们这才明白，头盖骨是被砸碎的。直到中午，这个头骨的所有碎片才被全挖出来。我们将碎骨送回办公室清理、烘干、修复，把碎片一点儿一点儿地对粘起来。

下颌骨发现后，就有人断言"新生代研究室要**时来运转**了"。我们高兴的心情还没平静下来，下午 4 时 15 分，在上午头盖骨发现处的下方，略北约半米处又发现了另一个头盖骨，它的情形与上午的第一个**相仿**，均裂成了碎片。这时天已经渐黑，我派六个人在现场守护，以防意外，同时发电报向当局报告。

此时，杨钟健去了陕西未归，他的夫人王国帧四处打电话找人。找到卞美年后，卞美年第二天早上急急忙忙跑去找魏敦瑞。魏敦瑞还没起床，他听到消息后，从床上跳了下来，急着穿好衣服带着夫人、女儿同卞美年一起，由他的朋友开着汽车来到周口店。

我们一宿没合眼，粘好了第一个头盖骨。当魏敦瑞到来后，我们从柜子里将头盖骨拿出来给他。他的手不住地发抖，太激动了！他不敢用手去拿，而是让我们把头盖骨放在桌上，左看右看，**着实**看了个够。

之后他的夫人说，当他早上听到这个消息时，从床上一下就跳了起来，连裤子都穿反了。

午后，魏敦瑞一行又到第二个头盖骨发现的现场，察看挖掘的情况。由于怕挖坏，挖掘的速度很慢，他们只好带着第一个头盖骨返回了北平。第二个头盖骨的碎片，直到日落西山才搜索完毕。此时，当地的村民以为我们挖出了宝贝，发了大财，都跑来围观，在回办公室的道路上也聚集着很多的人。回到办公室，我们又是修呀、烘呀、对碴呀、粘呀，折腾了一宿。17日夜我携着这个头盖骨乘火车回北平，亲手把它交给了魏敦瑞。

　　真可谓"柳暗花明又一村"。11月25日夜又是一场小雪。26日上午9时，在发现下颌骨的地方之南3米、之下约1米处的硬角砾岩中又找到了一个头盖骨。这个头盖骨比前两个都完整，连神经大孔的后缘部分和鼻骨上部及眼孔外部都有，其完整程度也是前所未有的。大致修理之后，我于翌日携带它返回北平。亲手交给魏敦瑞时，他竟"啊"了一声，两眼瞪着，发了很长一会儿呆，才缓了过来。

　　在发掘这三个头盖骨的地方，我注意到了一个问题，就是在前面两个头盖骨的地层中同时发现了大量的石器，其人工打击的痕迹很清楚。唯第三个头盖骨，虽保存完好，其出土处也得到些沙石片，但石片上没有人工打击的痕迹。对此我产生过疑问。我一直在想，第三个头骨当初是否被移动过？

　　11天之内连续发现了三个头盖骨、一个下颌骨和三颗牙齿的消息，一时传遍了全国和全世界。各地报纸纷纷登载这一消息，领导也特意叫我照了一张相片，洗印100多张，以提供各地报纸发表之用。后来一家英国专门搜集剪报的公司给我来信，说只需付50英镑，就可以把他们搜集到的世界各地发表的，有关发现三个猿人头盖骨的 2000 多条消息的剪报给我。50 英镑啊！我没钱买，去它的吧。

此时，新生代研究室秘书乔石生在给我的信中说：

"……再者兹有喜事一件请为兄告，即昨日弟往西城工作，在杨大所长桌子上见有翁文灏所长来信云吾兄'近来在周口店成绩甚佳，虽并非大学毕业，而数年追求很具根基，故应特别待遇，而特奖励'等语，即请兄**静候**晋级加薪可也。"

中央地质调查所北平分所于 12 月 19 日在中国地质学会北平分会上，特别邀请魏敦瑞和我做报告。我谈了挖掘和发现的经过。魏敦瑞在报告中说："现在我们非常**荣幸**，因为中国猿人在最近又有新的发现：10 月下旬发现猿人下颌骨 1 面，并有 5 颗牙齿保存；11 月 15 日一天内，又发现猿人头盖骨两具及牙齿 18 颗；11 月 26 日更发现 1 个极完整之头盖骨。对于这次伟大的收获，我们不能不归功于贾兰坡君。因为当发现之始，前两个头骨化石，虽成破碎状态，但贾君已知其重要性，并施用极精的技术，将其挖出，并经贾君略加修理，后才由卞美年君及余携手研究。"

一时间，我仿佛成了英雄，无论是地质调查所的领导、同事们，还是新闻界的人士，都在为我欢呼、呐喊，这使我感到不安和**惭愧**。我深知自己吃几碗饭、有多少斤两，对于加在我头上的荣誉，我很冷静。我想，这些赞扬都是对我的鼓励，离真正的荣誉，我还差得很远很远。我仍需努力工作和学习，否则对不起培养我的老一代人。

"北京人"失踪

🔔我回到北平，发现日本已经占领了协和医院。而我听到的第一个消息竟然是北京人化石丢了！这怎么可能呢？在我离开的这段时间里到底发生了什么事情？

　　过了一段时间，我去协和医学院办公楼上班。这时日本已经占领了协和医院。医院大门口有了站得笔直、持着长枪的日本兵站岗。日本人刚占领时还宣布：北平协和医学院所有工作人员，不准**擅离职守**。以前发的出入证还有效，我掏出来一晃，大大方方地进了门。

　　回到协和医学院办公楼108室，听到第一个消息是：北京人化石丢了。这使我惊得**目瞪口呆**。怎么会呢？不是早都做了安排吗？

　　在周口店发现的所有人类化石，包括北京人和山顶洞人以及一些灵长类化石，其中还有一个非常完整的猕猴头骨化石，都保存在东单三条路北，北平协和医学院进大门西边的楼（也称 B 楼）里的解剖科。最初步达生和接替他工作的魏敦瑞都在这里办公。化石就存放在办公室的保险柜里。

1941 年，日美关系越来越紧张，许多美国人及侨民纷纷离开中国。魏敦瑞也决定离开中国去美国自然历史博物馆，继续研究北京人化石。他动身前就找到他的得力助手胡承志，要胡把所有的北京人化石的模型做好，他准备带到美国去研究。胡承志有些**犯难**，因为要做好全部模型也不是件容易的事。"这需要时间。"胡说。魏说："时间紧迫，愈早动手愈好。先做新的，后做旧的。时间来不及，只好做到哪里算哪里。"之后，胡承志加班加点赶制北京人标本模型。

胡承志是我的好朋友。他 1931 年春到北平协和医学院解剖科工作。他深知要想在这里站住脚，除了自己努力工作外，还必须学好英语。他就是这样去做的。步达生看这个青年人很有出息，就在医学院里找了个外国人，教他制作模型。据说这个外国人每教一次要收取 10 美元的学费，这些学费当然由公家支付。可是没几个月，这个外国人不教了。步达生问为什么，他说："胡太聪明，他现在做的模型已经比我做的还要好了，我还教他什么呢？"我曾到 B 楼看过胡制作模型。他制作每件模型都**一丝不苟，精益求精**，在每件模型上都刻上发现人的名字。他制作的模型与原件相比，一般的人很难辨出真假。说他是一名制作模型的高手一点儿也不为过。新中国成立后他被调到中国地质矿产部地质博物馆任保管部主任。现虽已退休，我们之间仍没断过来往。有时我们在一起，还经常谈起北京人化石丢失的往事。

北京人化石丢失，世界各地的新闻媒介**众说纷纭**，不但出了书，还拍过电影、电视剧。但所有这些书的内容，多与事实不符。

事实是，胡承志按照魏敦瑞的嘱咐，**马不停蹄**地加紧制模型。魏还对胡说，像北京人化石这样珍贵的标本留在日本人占领区很不安全。又说，要同翁文灏先生商量一下，最好把北京人化石运出沦陷区。最初他打算**委托**美国大使詹森，把化石先运到美国暂为保管，等战争结束后再运回中国。詹森不同意，因为在发掘周口店时，中美双方订有协议：不得把发现的人类化石带出中国。后来还是翁文灏以官方的名义委托詹森把化石运往美国，他才同意了。

魏敦瑞在办公楼106号举行了告别会，不久就举家去了美国。没多久，裴文中告诉胡承志，北京人化石要全部装箱运走，叫胡做准备。胡承志听到通知，找了解剖科技术员吉延卿一起开始装箱。

箱子是两个白茬木箱，一个大一点儿，一个小一点儿。他们先用白棉纸把化石包好，再用卫生棉和纱布裹上，包上白纸后放在小木盒内，盒内还垫上了瓦棱纸，最后分装在两个箱子里。在两个箱子上，他们还分别写上A、B字样，然后将箱子送到了协和医学院总务处处长、美国人博文的办公室。而当天博文就派人把箱子转送到了楼下的4号保管室内。大约在12月8日之前的三周内，箱子被运走。

据说，化石被美国海军陆战队运往秦皇岛，准备搭乘美国来秦皇岛接送海军陆战队的哈里森总统号轮船，一同前往美国。但是哈里森总统号轮船从马尼拉开往秦皇岛的途中，正赶上太平洋战争爆发，这条船被日本人击沉于长江口外，所以这批化石根本没上船。负责携带这批化石的美国军医弗利在秦皇岛被日本军俘虏，从此这批世界文化**瑰宝**就失踪了，至今仍是个谜。

日军占领了协和医学院后不久，日本就派了东京帝国大学人类学家长谷部言人和高井冬二，来协和医学院寻找北京人化石。当他们打开了 B 楼的保险柜，看到里面装的全是模型，才知道北京人化石被转移了。日本宪兵队到处寻找北京人化石，为此很多人都受到了**连累**。

受到牵连的人中有协和医学院解剖科的马文昭教授。他被带进了日本宪兵队。他可算是"二进宫"（指第二次进监狱），一次是为北京人化石，一次是为孙中山先生的内脏。孙中山先生的内脏后来在病理科找到了。其实这两件事都与他无关。再就是协和医学院总务处处长博文，就连推车运送化石到 F 楼 4 号保险库的工人常文学，也都被捉进日本宪兵队进行了**审讯**。宪兵队还去了裴文中的家，对他进行了讯问，并暂时没收了他的"居住证"。在那个时候，没有居住证要想离开北京是根本行不通的，连上街都会感到困难。

两个白茬木箱装的是哪些东西呢？有幸的是我手中保存了一份用英文打成的装箱单的副本。装箱清单上一份注有"A"，一份注有"B"的记号，上面还有几个中文字——装箱目录。从中文字的笔迹上看，是新生代研究室秘书乔石生写的。我曾把这份装箱单译成了中文，以《中国猿人化石的失踪及新生代研究室在抗日期间的损失》为题，写了一篇文章，发表在《文物参考资料》第二卷第三期上，现**抄录**如下：

第一，木箱

中国猿人（即北京人）的牙齿（分装 74 小盒）

中国猿人的牙齿（分装 5 大盒）

中国猿人残破股骨 9 件

中国猿人残破上臂骨 2 件

中国猿人上颌骨 1 件（山顶洞底部发现）

中国猿人上颌骨 2 件

中国猿人锁骨 1 件

中国猿人月骨 1 件

中国猿人鼻骨 1 件

中国猿人腭骨 1 件

中国猿人寰骨 1 件

中国猿人头骨碎片 15 件

中国猿人头骨碎片 1 盒（属于"L"地点之头骨Ⅰ和Ⅱ）

趾骨 2 小盒（似非中国猿人者）

中国猿人残破下颌骨 13 件（"B""G"及"M"等地方）

褐猿（即猩猩）牙齿 3 盒

第二，小盒

中国猿人"L"地点之第二头骨（女性）

第三，小盒

中国猿人"L"地点之第三头骨（男性）

第四，小盒

中国猿人"L"地点之第一头骨（男性）

第五，小盒

中国猿人"E"地点之头骨

第六，小盒

中国猿人"O"地点之头骨

第七，小盒

山顶洞人男性老人头骨，编号为PA101

第八，小盒

山顶洞人女性头骨，编号为PA102

第九，小盒

山顶洞人女性头骨，编号为PA103

以上第一、二、三、四、五、八、九装入一只大木箱里，箱皮之上除写"A"字之外，并无任何其他字样。第六、七两小盒则装在另一带"B"字的箱子里。"B"箱里除第六、七小盒之外，还装有下列各物：

猕猴头骨化石2件

猕猴下颌骨化石5件

猕猴残破上颌骨3件

山顶洞人下颌骨3件，编号PA104，PA108，PA109

山顶洞人脊椎骨一大盒

山顶洞人盆骨7件

山顶洞人肩胛骨3件

山顶洞人髌骨（膝盖骨）3件

山顶洞人趾骨6件

山顶洞人骶骨2件

山顶洞人牙齿1个玻璃管

山顶洞人残片 3 件

除了丢失这两箱世界人类遗产之外，我亲自带领技工们装的 67 箱动物化石、30 多箱书籍以及 10 多箱清华大学袁复礼先生存放在新生代研究室的爬行类化石和私人文稿，也都遭到日本侵略者的捣毁或被**付之一炬**。

这 67 箱动物化石包括：北京人遗址的肿骨鹿、斑鹿、犀牛、鬣狗及其他动物化石；第 9 地点和第 13 地点的鹿类、水牛、犀牛及介壳化石；第 14 地点的鱼化石；湖北宜昌新恐角兽头骨化石的左半部，北京人遗址的裴氏转角羚羊颈骨；周口店第 3 地点的介壳化石；安阳绿龟化石；山东山旺古犀的前后股骨及植物化石；山顶洞赤鹿角化石；山西武乡的中国肯氏兽化石；河南渑池水牛以及山顶洞的熊、虎、獾、兔、狼、狐等化

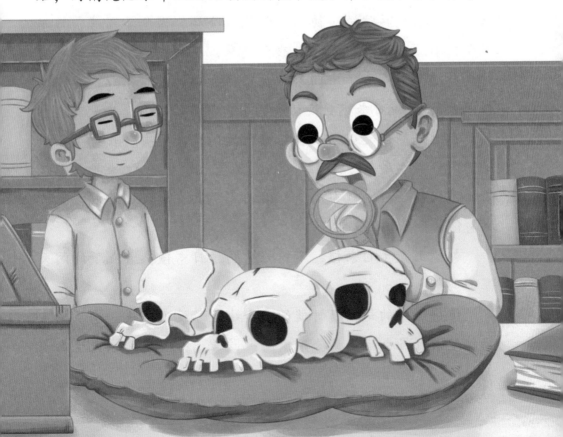

石。这些化石都是我国科学工作者多年工作的辛勤**成果**，由于没能及时运往安全地点，遭到日本侵略者的破坏。

1950年年底，中国科学院收到西安韩德山先生寄来的4件化石，经杨钟健先生**鉴定**，一件是水牛的距骨，三件是鹿的距骨，均出自北京人地点。杨钟健跟我谈了这件事，我们都感到奇怪。北京人地点的东西怎么跑到西安去了呢？杨马上写信向韩德山询问。

1951年1月22日接到了韩德山的回信。信中说："我1931年1月考入协和医学院食物化学系服务，两年后调到寄生虫系服务，直到1942年1月31日协和医学院被日军关闭。以后转到了北平卫生研究所工作。

"我曾听说过新生代研究室保存的化石甚多，1942年4月有一队日本宪兵住进了协和医学院办公楼，因急于用房，日军下令把书籍和枯骨化石装入载重汽车，拉到东城根下**焚毁**。当时我自卫生研究所下班回家（我家住大牌坊胡同东口，离东城根很近），听说日本宪兵烧协和的书，即前往观看，确见有些书籍正在燃烧。但大部分书籍均被附近的贫民抢去。我曾亲眼看见贫民将书按斤卖给打鼓的（旧时北京收破烂的）。大批骨骼化石已被砸得粉碎，散布满地。因为有宪兵在场，我不敢多取，只偷偷地捡了四块……"

韩德山先生的来信，不正好说明了日本侵略者犯下的滔天罪行吗！

值得**庆幸**的是，杨钟健的一个小箱子没有丢失。南下前，杨钟健亲自将小箱子交给我，说："这里有一件毛泽东先生由长沙写给我的信，很重要。千万别叫别人看见，更不能落到日军手里。"我考虑再三，到处观察，不知藏到哪里好，最后决定把它放在楼顶的天花板内。那天晚上，等大家下班之后，我找来了老实可靠的老技工陈德清，我俩把箱子抬进了库房。我找来梯子，爬上去，打开天花板的一块维修孔，钻了进去。陈在下面把箱子用绳拴好，让我拽上去。里面很黑，我定睛待了一会儿，才能**影影绰绰**看清一些东西。我**连拖带拽**，走近了40多米，才把箱子放在一架人字柁的后面。我觉得这里很保险，放好后顺着原路退了出来，又照原样把天花板对好。下来后，我对陈说："这些都是杨先生多年的心血写成的手稿，绝不能丢失。"陈也明了似的点了点头，没说话。

10年后，杨先生突然问及那只箱子的事，我带他到了协和医学院。经过新的总务处处长陈剑星的批准和他派的两个人帮忙，我们才把箱子从天花板内取出来。杨先生看到箱子后，心情很激动，里面装的毛主席当年写给他的信也**完好无损**。他把这封信裱成条幅挂在家中的客厅里。后来条幅被送到了中央档案馆，中央档案馆又复制了一件交给杨钟健，作为永久的纪念。

重振周口店

🔥随着北平解放，周口店的工作也得到了党和国家领导人极大的关怀和重视，我们不但改善了工作条件，而且修建了新的陈列室和办公室及住所，期间，还接待了很多国家领导人。

1949年1月北平解放。中国人民解放军正以**摧枯拉朽**之势，向国民党反动政府**盘踞**着的南京挺进。全国解放即在眼前。

北平刚解放不久，人民政府向各个机关派驻了联络员。地质调查所北平分所也来了联络员赵心斋同志。有一天，陈列馆看门的老张头找到我，说有人要参观陈列馆，叫我去接待一下。当时的陈列馆在丰盛胡同3号，前门关闭，只开后门，斜对着兵马司9号分所的大门。这个陈列馆平时不开放，只供学校地质部门的学生和研究人员学习和参考之用。看门的仍是过去的老人——老张头。

老张头说来参观陈列馆的是个老人。我到时，老人正在门口等候。见面握手，彼此客气了一番。只见老人身穿蓝布制服，非常**和善**。我陪他边走边看。他问了很多问题，我都一一仔细地做了回答。他看到周口店山顶洞发现的许多副脊椎动物的骨架后，说："周口店你们还应当发掘啊！"我说："新中国刚成立，国家正处在百废待兴的时刻，恐怕顾不上这项工作。"他说："这也是我们应该做的事。他们有人不懂，可以跟他们说清楚发掘的必要性，一次不行再说，再说不行，可以向上边反映嘛。"临走前他在签名簿上签了名。我回所后去找赵心斋，说："这老头儿来头可不小啊！"我把老人说的话向他学舌了一遍。赵心斋听后叫我拿签名簿给他看。他一看，"哎呀"了一声："这是共产党的四老之一徐特立呀！"我想，怪不得他说话那么**硬气**。

徐老参观过后一个多星期，赵心斋叫我做个详细的周口店发掘计划。我心想，现在刚解放，各个方面都需要钱，就做个小打小闹的计划吧。这样既能有点儿工作干，又能为国家省点儿钱。没想到计划修改了几次都没能通过，还是赵心斋亲自动手把经费数字增加了很多，才最后通过了。

我记得当时的薪金是用小米计算的，我每月大概是 900 斤小米。当然也有超过千斤和更高的。虽然这不如旧社会薪金高，但旧社会物价飞涨，有时一天三变，尽管薪金多，也赶不上物价的上涨。

周口店的计划批下来，由我当队长，刘宪亭任会计，组成了一个发掘队。我们到了周口店一看，面目全非。原来的房子被日本鬼子拆毁后，改修成了工事，满地**杂草丛生**，遍山荒芜不堪。这又不由得使我想起了被日寇杀害的朋友赵万华、董仲元和肖元昌。他们在世时的音容笑貌，**历历在目**。这怎么不令人痛恨日本军国主义呢！我真希望在房山县西门外立一座石碑，刻上被日本鬼子杀害的死难者的名字，以示对他们的永久怀念，教育子孙后代不能忘却这段历史。

这里没法住了，我们来到了琉璃河水泥厂采石场宿舍，暂时住下。首先的工作是找到过去在周口店挖掘的技工。先找到的是乔瑞，我们与他协商了发掘和报酬的事。他说他在灰窑做工每天是5斤棒子（即玉米），我们给他5斤小米，这要比灰窑的工钱高，他同意了。两天之后，他找来了一批工人，随后发掘工作就正式开始了。

我们先要把1937年回填的土重新挖掘出来。挖土中，在北京人化石出土地点的表面上突然发现了5枚人牙。但我们看得出来，这些牙齿并非出于原地层，而是出自上部第4层（灰烬层），是**坍塌**下来的产物。不管怎样，这是新中国成立后的第一次发现，是个好兆头。

没有办公地点和宿舍，工作起来很困难。我回到北京和上级部门商量建宿舍的事，但得到的回答是，野外队不能建房，只能用帐篷或活动木板房。我认为这对我们不适合，我们是固定在周口店搞发掘工作的。

1950年下半年，我们买了些旧房料，自己动手盖了三间小房。盖房时连裴文中都爬上了屋顶钉椽子。门窗请木匠做，山上有的是石料，**马马虎虎**就把房子盖起来了。因为我们都是外行，房子盖好后才发现椽子距离大小不等，大家笑个不停。这个房子即成了我们的宿舍，也是我们的办公室，还接待过不少来参观的客人。中间房屋的两侧，都搭了一块木板，作为**陈列**之用。在这样的条件下，我们住了两年之久。

地质部的前身，中国地质工作计划指导委员会成立之后，新生代研究室在1953年改为古脊椎动物研究室，归属于中国科学院领导，1957年扩大成中国科学院古脊椎动物与古人类研究所。

杨钟健所长陪同竺可桢副院长到周口店参观，他们见条件太简陋，才由科学院出经费在日寇拆毁的旧址上重新盖起了一座新式房屋，面积有295平方米。房屋东边一侧做陈列室，西边做办公室和住所。为什么要建295平方米呢？因为按当时的规定，建超过300平方米的建筑要由主管房屋的部门审批，不足这个数的科学院可以自己做主。这里我们还打了一个埋伏呢。有了新的陈列室和办公室、住所，周口店的工作条件有了很大改善。另一方面，周口店的工作也得到了党和国家领导人极大的**关怀**和重视，很多国家领导人参观过周口店。裴文中曾接待过刘少奇同志；我也接待过邓小平同志和彭真同志及他的夫人，还有北京市的公安局局长等其他领导。邓小平同志在参观中详细地向我询问有关人类的起源问题和今后如何开展工作等问题，我如实做了汇报。他听得非常认真，没听清楚的，还要重新问。

在我陪彭真市长及夫人参观期间，有人在周口店村东边太平山脚下发现了个山洞。洞内有**各式各样**的钟乳石，像石柱、石笋、石幔等，景观非常美丽。彭真当即建议，这么美的洞穴不要为取点儿石头而毁掉，应当加以保护，成为旅游景点。可惜的是"文化大革命"期间，这个洞因采石灰岩被毁掉了。

还有一次，我正在检查工作，一个青年人跑来告诉我，说叶剑英同志来啦。我赶忙回来接待。会客室里，叶帅一边喝茶，一边听我们讲周口店的发掘史。他谈起话来非常和气，没有一点儿领导人的架子，连我们的生活问题都问到了。最后他才去参观了挖掘地点，满意地走了。要说最常到周口店来的是我们的老院长郭沫若。他对我们的工作非常感兴趣，有时还亲自动手挖掘。他很**随和**。

1958 年我同北京大学历史系考古专业的师生一起合作发掘，杨所长和郭老突然来了。当时我正在周口店养病，我的老伴夏景修也来到周口店照顾我。郭老可称得上是个才子，他给学生讲话，没有准备，不用讲稿，讲起来滔滔不绝，**头头是道**。同学们也听得**津津有味**。这一讲可就到了下午 1 点多了。

有人把我拉到屋外说："他讲得太久了，恐怕要在这里吃饭了，叫嫂夫人快准备准备吧。"这可把我老伴急坏了。郭老是院长，又是副委员长，要是从外边买回现成的，怕不干净吃出毛病，自己做吧，又没什么菜。没辙了，只好用一点儿蔬菜加瘦肉丝炒了四盘菜，酒家里有；主食是面条，连个卤也没有，就用酱油和醋做了个"汆"，用来拌面。没想到他吃得很香，其实他不是个在乎吃喝的人。

一场长达四年之久的争论

新中国成立后的首次发掘，取得了一点儿成绩，也验证了我从前的一些推断。周口店初建陈列馆，得到了竺可桢副院长和杨钟健的大力支持。预展之前，杨钟健先生和裴文中先生先后来检查工作，由此展开了一场长达四年之久的争论。

新中国成立后的首次发掘，除了发现的五枚牙齿外，还在山顶洞洞口东侧"北京人"遗址的堆积中挖掘出一块头盖骨。

20 世纪 30 年代，我曾在这个地方发现过一块"北京人"的头骨，当时我没再向里面挖。我相信再向里挖，说不定还能找到人头骨的另一半。我把我的想法说给青年人，他们这样做了，果然发现了一块头骨。虽然这块头骨与 1934 年发现的那块对不起来，但它给了我们一个最有力的证明，就是"北京人"在周口店生活期间，由前到后**断断续续**有近 50 万年，而身体的构造并无多大变化，只是在上部发现的下颌骨前下部出现的"颏三角"可以认为是下颏的"**雏形**"。

周口店初建陈列馆，得到了竺可桢副院长和杨钟健的大力支持。1952年陈列馆建成后，为了使周口店的发现能早日与参观者见面，我带领全体工作人员，没日没夜地工作，有的清理**标本**，有的布置展台，有的写标签。大家没有一点儿怨言，每个人心中只有一个愿望，把陈列馆布置好，早日开放。回想起当时的工作情景，真使人感到激动和鼓舞。虽说新建成的陈列馆不大，但比起用两块铺板展示标本的情景来，又使人大喜过望了。

预展之前，杨钟健先生来了，他将全部展台、展柜都检查了一番，很满意，他对大家说了很多鼓励的话。随后，裴文中先生也来了。他看到展柜里**陈列**着一些骨器时，非常恼火。裴问："这些是什么？"我答："骨器。"他叫我们把展柜打开，一边扒一边扔，还说："这也是骨器？"原来我们摆放得很整齐的标本，这下倒好，全乱套了。我也有点儿火了，红着脸争辩说："您的老师步日耶和您自己都承认北京人也制作过骨器使用嘛！这些都是选出来打击痕迹很清楚的材料，怎么说它们不是骨器呢？""那就在预展期间听听别人的意见再说吧！"裴先生不再说什么了，我也转怒为笑，陪他参观了其他部分。等裴先生走后，我又一块块把标本按原样摆放好。

想想刚才的**争辩**，我觉得我们都不太冷静，特别是我，怎么能对裴先生发火呢？我刚来周口店时，是一个什么都不懂的小伙计，不是他一点一滴地教会了我很多的东西吗？"一日为师，终生不忘"才是道理。我还是应该检查检查自己和我们工作中的不足。这点儿小小的不愉快，我没往心里去。当然我更知道裴先生也不会往心里去，他向来都是有意见有看法，摆在桌面上的，从不在你背后做手脚。不知怎么，这事传到了杨钟健的耳朵里。我回到北京，杨先生问我到底是怎么回事，我把前前后后的经过说了一遍。杨先生很认真，问我碎骨是不是人打制的，是不是骨器？我说："步日耶认为有许多是骨器，我认为没有错。就是您自己研究过的《周口店第1地点之偶蹄类化石》（《中国古生物志》丙种第8号）一书中所使用的材料中就有许多是骨器。只要我们仔细观察就会弄明白。"我接着说："一点儿小事过去就完了。"

杨钟健对这个问题十分**重视**，他认为对骨器的看法既然有分歧，就应该把问题公开化，加以讨论，否则在一个陈列馆里，各说各的认识不统一，参观者更搞不明白，总不像话吧。杨先生的想法很合我的心意。我说"一点儿小事过去就完了"，只是说发火的事。对于学术上的**分歧**，我也想找个适宜的时机与裴先生争辩争辩。我想人的头脑要围着事实转，不能叫事实围着自己的头脑转。对的就要坚持，不管你是外国的权威，还是中国的权威。错了就要改，不改则误人误己。

当时，我的工作很忙，既任标本室主任，又兼周口店工作站站长，还任新生代研究室副主任，经常跑野外调查，还要搞室内的研究，无暇顾及**争鸣**的问题。直到1959年，我才在《考古学报》第3期上发表了一篇题为《关于中国猿人的骨器问题》的文章。文中说：

自1933年裴文中教授在中国猿人化石产地发现石器和用火的遗迹之后，又一次惹起了学术界的注意。首先为此事来我国的是法国步日耶教授，他在周口店做了几天观察，不仅承认了石器和用火的遗迹，而且认为所发现的碎骨中有许多是加工过的骨器。于同年的冬季，他在北京举行的中国地质学会会议上，对石器和用火的遗迹以及骨器的意义做了一次简单报告。后来他再次来我国，又把所发现的碎骨和碎角做了一次研究，写出了一本周口店《中国猿人化石产地的骨角器物》专论，发表于《中国古生物志》。1933 年由步达生、德日进、杨钟健、裴文中诸教授合著的《中国原人史要》一书中，也对中国猿人的骨器做了**扼要**的阐述。

尽管这个问题在刊物中一再提出，但在考古学界并未得到一致的认识。有人认为碎骨和碎角上人工打击的痕迹有的是用石锤砸出来的，有的是许多带刃的石器砍斫出来的；砸击或砍斫的目的有时是为制造骨器。但也有人认为：有的骨骼是被动物咬碎的，有的是被洞顶**塌落**下来的石块砸碎的；虽然有一部分骨骼可能是被中国猿人打碎，但打碎的目的不是为了制造骨器而是为了吃骨骼里面的骨髓。像上述的对立的看法始终未能统一，就在我们的古脊椎动物研究所里，一直到今天还存在着不同的意见。

中国猿人化石产地，在高达 40 米的**堆积**中，都发现过哺乳动物的骨骼化石，而所有的化石除了极少数的猪、鬣狗、熊的头骨和斑鹿角（只有一对）之外又都十分破碎。根据破碎的痕迹观察，破碎的原因相当复杂，如果把它们归于单方面的原因，是与实际情况不符的。

裴文中教授在 20 年前也曾把当时新生代研究室里保存的、

认为不是人工破碎的哺乳动物化石加以**搜集**、研究与试验，写出了一本《非人工破碎之骨化石》(1938年)，发表于《中国古生物志》上。他在正文中把碎骨分啮齿类动物咬碎、食肉类动物咬碎、食肉类动物爪痕、腐蚀纹、化学作用、水的作用等六段来叙述，把中国猿人化石产地的一部分碎骨也包括在内。

文章一开始，我就对周口店骨器的研究、不同的意见和看法做了阐述。对于裴文中提出上述几点原因，我也谈了我的看法。

我认为裴先生提出的关于碎骨的几个原因都有可能，但必须对碎骨和碎角的痕迹加以分析，不能一概而论。即使在同一块骨头上，由不同的原因产生的痕迹也会存在。观察任何事物，都不能以其中的一种现象来**掩盖**全貌。

洞顶塌落下来的石块把洞内的骨骼砸碎是完全可能的。砸碎的骨骼一般都看不出打击点，即或偶尔看出砸的痕迹，但它没有一定方向，而且又集中于一点上；同时被砸碎的骨骼，在它的周围还可以找到连接在一起的**碎渣**。

人工打碎的痕迹在我们发现的碎骨中有许多。问题在于打碎的目的是什么。有人认为打碎骨骼是为了取食里面的骨髓。这种说法并非不近情理。那么，是不是所有人工打碎的骨骼都可以用这个原因来解释呢？我认为不能，因为有许多破碎的骨骼用这一原因就解释不通。

我们发现了很多破碎的鹿角，肿骨鹿的角虽然多是脱落下来的，但斑鹿的角则是由角根地方砍掉的。这两种鹿的角，多被截成残段，有的保存了角根，有的保存了角尖。肿骨鹿的角根一般只保存有12—20厘米长，上端多有清楚的砍砸痕迹；斑鹿的角根保存的部分较长，上下端的砍砸痕迹都很清楚，并且第一个角枝常被砍掉。发现的角尖以斑鹿的为多，由破裂痕迹观察，有许多也是被砍砸下来的。在肿骨鹿的角根上，常见有坑疤，在斑鹿的角尖上常见有横沟，很可能是使用过程中产生的痕迹。

有一些大动物的距骨和犀牛的肱骨，表面上显示着许多长条沟痕，由**沟痕**的性质和分布的情形观察，可以断定它们是被当作骨砧使用而砸刻出来的。

破碎的鹿肢骨发现最多，特别是桡骨和距骨，它们一端常被打成尖状，有的肢骨还顺着长轴被劈开，一头再被打成尖形或刀形。此外还有许多的骨片，在边缘上有多次打击的痕迹。像上述那样的碎骨，我们不仅不能用被水**冲磨**、动物咬碎或石块塌落来说明它，也同样不能用敲骨吸髓来解释。敲骨吸髓，只要砸破了骨头就算达到了目的，用不着打击成尖状或刀状，更用不着把打碎的骨片再加以多次打击。特别是鹿角，根本无髓可取，更不能做无目的的砍砸。截断了的肿骨鹿的角根，既粗壮又**坚硬**，我同意步日耶教授的看法（我并不承认步日耶教授的全部意见，只是承认我认为是可靠的部分），它们可能是被当作锤子来使用的。带尖的鹿角或者是打击成带尖的肢骨，我认为都是当作**挖掘**工具使用的。

我对被水冲磨的痕迹认为：被水冲磨的碎骨很多……但是这种痕迹是很容易识别的，决不会当作人工痕迹来看待。

对于被动物所咬的痕迹，我认为：

在发现的碎骨中也存在着被动物咬的痕迹。特别是啮齿类动物喜欢咬一切东西，不仅咬骨头也咬石头。它们的喜咬是由于门齿无齿根，而又连续在生长，如果不经常摩擦则可使它不便于食而致死亡。但是被啮齿类动物咬过的痕迹是容易区别的。因为它们都是成组的直而宽的条痕，好像用齐头的凿子刻出来的；条痕之间有左右门齿的**空隙**所保留的窄条凸棱，而且由于上下门齿咬啃，条痕是上下相对的。咬痕的大小与宽窄，则视动物大小而定。在肉食类动物中，以鬣狗的咬力最强，它们可以咬碎马、牛等大动物的骨骼。这种动物咬碎的骨骼和人工打碎的骨骼虽然易混淆，但是仔细观察，仍然是可以区别开来的，因为牙齿（多用犬齿）咬碎的常常保持着上宽下窄条形的齿痕，而这种齿痕又多是上下相对的。

此外，我在《中国猿人》小册子中写道，周口店还发现了许多自然脱落或砸去鹿角的头骨，它们的面部和头骨底部都被砸掉，只保留了鹿的脑瓢儿，这样的头骨前后发现有数百个之多。步日耶认为这些头骨是中国猿人用来作为成盛水器皿的。我认为北京人的头骨情况也是如此。我们发现完整的或比较完整的人头骨共有5个之多，它们也都被砸去了头骨的面部和底部，只剩了瓢儿似的头盖，看来也是作为盛水的工具使用过。

裴先生对我的意见提出了**反驳**。他在《考古学报》（1960年第2期）上发表了一篇文章——《关于中国猿人骨器问题的说明和意见》。文中说：

"我个人还有些不同意贾先生1959年的说法。我个人认为，打碎头骨，是因为骨质内部结构的关系，头骨破碎时自然成为尖状或刀状。这不是中国猿人能力所能控制的，不是有意识地打成的。这是可以用最简单容易的试验证明的。如果将现在的猪的长骨打破，我们可以看看是不是可以成尖状或刀状。这不能成为争辩的问题。"

文章继续写道：

"我自己不反对：周口店一些碎骨上有人工的痕迹，就是最**保守**的德日进也承认鹿角上有烧的痕迹，也有人工**砍砸**的痕迹。但是他认为是为了鹿头在洞内食用时，携入有庞大的鹿角不方便，而将鹿角砍砸下来。他的意见是烧了以后，容易砸落，烧的痕迹正可以证明是为了砍掉鹿角而遗弃不食……"

文章最后说：

"贾先生应当不要忘记自己所说的话，'骨片之中，虽有若干是经人力所打碎，但是有第二步工作的骨器则极少，如果严格地说，连百分之一都不足'，而不一般地讲：'将中国猿人产地发现的碎骨化石，逐渐地都加以详细研究，也像石器一样的可分为下列几类工具'，贾先生'连百分之一都不足'的分析，是很正确的；但是把中国猿人的'骨器'说成'像石器一样的……'则不免失之于**过分**了。"

裴先生的意见，我认为在很多处与事实不符，当然不能把我**说服**。

我和裴先生前后讨论过不少问题，关于骨器的讨论只是问题之一。关于中国猿人产地石器的性质和中国猿人（今"猿"字早已废弃，改学名为"北京直立人"或"北京人"）是否是最早的人这个问题的讨论就长达一年多之久。因为讨论的都是学术问题，在学者之间因观点不同而争鸣是很正常的现象。有时争得**面红耳赤**，但并不伤感情。我和裴先生经常用争鸣得到的稿费，一起到饭馆"撮"一顿，杨钟健知道了，也凑热闹地和我俩一起去蹭一顿。

在北京人之前是否还有更原始的人类存在的问题上，德日进认为中国不会有比中国猿人再早的人类；而裴文中则认为北京人是世界上最早的人类，不会有比北京人更早的人类了。

我和我的学生也是好友王建，在深入研究了周口店北京人使用的石器，特别是用火的遗迹后，认为裴先生的看法不正确。他这种看法是关上了问题的大门，不利于本门学科的发展。因而我们以《泥河湾期的地层才是最早人类的脚踏地》为题，在《科学通报》1957年第1期上发表了一篇短文。

泥河湾期的标准地点在河北省西北部的阳原县境内，为一河湖相的沉积，由沙砾和泥灰质土组成。经过研究论证，泥河湾期所产的重要哺乳动物化石，其时代比北京人化石地点发现的动物化石要早得多，并且它们应是相互**衔接**。因此，我们在短文中指出：

中国猿人的石器，从全面来看，它是具有一定的进步性质的。我们从打击石片上来看，中国猿人至少已能运用三种方法，即摔击法、砸击法、直接打击法（锤击法）。从第二步加工上来看，中国猿人已能将石片修整成较精细的石器。从类型上来看，中国猿人的石器已有相当的**分化**，即锤状器、砍伐器、盘状器、尖状器和刮削器。这种打击石片的多样性和石器在用途上的较繁的分工，无疑标志着中国猿人的石器已有一定的进步性质。虽然如此，但也不容否认，中国猿人的石器和它的制造过程还保留着相当程度的原始性质。

人类是否有一个阶段是用"碎的石子，以其所成的偶然形状为工具"呢？肯定说是有的。但事实证明，这种人类不是中国猿人，而应该是中国猿人以前的、比中国猿人更原始的人类。假若没有这样一个阶段，就不可能有中国猿人那样的石器产生。因为事物是由简单到复杂，由低级到高级而发展的。同时很多事实表明，人类越在早期，他的文化进步越慢。那么，中国猿人能够制造较精细的和种类较多的石器，这是人类在漫长岁月中同自然做**斗争**的结果。由此可见，显然与中国猿人时代相接的泥河湾期还应有人类及其文化的存在。

我们还从中国猿人能够使用火、控制火，以及中国猿人的脑量和体质几个方面证明，中国猿人不可能是最原始的人。

20世纪60年代初期，裴文中先生对我们那篇短论进行了反驳，他以《"曙石器"问题回顾》为题，在《新建设》杂志 1961 年 7 月号上发表了一篇文章。文章很长，又引用了不少外国的材料，其中有一段话，才是他的重点所在。他在文章中说道：

至于说中国猿人石器之前有人工打制的"石器"，我觉得这种说法也难以成立。周口店第 13 地点的时代是要比第 1 地点较早一些，但周口店 13 地点的石器，我们始终认为它仍然是中国猿人制作的。而且也只有 1 件石器，虽然它的人工痕迹没有人**怀疑**，但不能说是一种文化，或者说是中国猿人文化以外或以前的一种文化。更不能证明中国猿人之前，存在着另一种人类，如莫蒂耶所说 Homosinia（半人半猿）之类的"人"一样。

至于说中国泥河湾期（即更新世初期）有人类或有石器，我们应该**直率**地说，至今还没有发现。同样的问题，也就是"曙石器"问题，在西方学者中曾争论了近百年，也有许多人尽了很大的努力寻找泥河湾期（欧洲维拉方期）的人类化石和石器，但没有成功。如果欧洲的科学发展**程序**可以为我们借鉴的话，我们除了在一些基本原则问题上展开"争鸣"以外，是否可以做一些有用的工作，如试验、采集工作？这比争论现在科学发展还没到达解决时间的问题，或比在希望不大的地层中去寻找有争论的"曙石器"，可能更有意义一些。

我和裴文中对于北京人是否是最原始的人的争论，引起了很大的轰动。《新建设》《光明日报》《文汇报》《人民日报》《科学报》《历史教学》《红旗》等报刊上都发表了对此争鸣的文章和意见。根据我的回忆，参加这场争鸣的人，除我和裴文中二人外，还有吴汝康先生、王建先生、吴定良先生、梁钊韬先生、夏鼐先生等。大家都认为中国猿人不是最原始的人。

我对北京人不是最原始的人类的认识，并非从20世纪50年代中期才开始，而是从我主持周口店发掘工作之后开始的。在工作中边干边学习，我对所干的这行产生了兴趣，加深了认识，对北京人及其文化的"最原始性"产生了疑问。这个疑问是看见北京人遗址中有成堆的灰烬而引出的。

火对人来说，有着有利的一面，也有着有害的一面。能够用其有利的一面而避其有害的一面，绝不是人类在很短时期内所能办到的。我们能够想象得到，最初的人类遇见山火时必然惊慌万分，到处逃窜。在发掘中，我们看见在一块巨大的石面上，有的灰烬成堆，灰堆中还有烧骨。灰堆的存在，证明了当时北京人已经能够控制火，并使火不四处蔓延。从认识火、利用火，到控制火这一进步过程，不可能是最早的人类能一下子达到的，这是人类从实践到认识、从认识再到实践反反复复长期累积的结果。

再拿石器来说，北京人不仅能打出很好的石片，而且还能利用石片经过再加工，修理成适手的工具，这绝不是最初的人类所能办到的。

说石器没有分工是不可能的。比如制造的大型砍斫器（也称砍砸器）就不可能当作只有几克重的尖器来使用；反之这种小尖状器也不可能当作大型砍斫器来使用。特别是有一件石锥形长尖状物，它的一端打制成长尖状，一端是扁平状，这无疑是件石锥。至于当时的北京人锥什么东西，我们还没办法搞清楚，但**毋庸置疑**的是，北京人打制的技术已有所进步了。这种进步也绝不是最初人类就能一下子掌握的。也就是说，这是人类为了自己求得生存，在与大自然的搏斗中长期累积经验的结果。

想法归想法，科学是要以事实为依据的，争来争去，没有证据，也是枉然。到哪里去找证据呢？我思想上也背了很重的包袱。找不到证据，无法向人们交代，好像欠下了一笔债，**愁苦难言**。

1962年夏鼐先生在《红旗》17期上，发表了《新中国的考古学》的文章，其中有这样一段话：

"1957年山西芮城县匼河出土的石器，据发现人说，比北京猿人还要早一些。现在我们可以将我国境内人类发展的几个基本环节联系起来。最近，关于北京猿人是不是最原始的人这一问题，引起了学术界热烈的争鸣。有的学者认为：'北京猿人已知道用火，可以说已进入恩格斯和摩尔根所说的人类进化史上的"蒙昧期中期阶段"，不会是最古的、最原始的人。匼河的旧石器也有比北京猿人为早的可能。'"

到了这时，这场争鸣才算"刹了车"。虽没得出最终的结果，但这场争鸣对我们是一次大促进，它给我们搞这门学科的研究带来了极大的动力。为寻找比北京人更早的人类遗骸和文化，我们爬山、涉水、钻山洞，拼命地工作，为这门科学的发展带来了新的**曙光**。

发现了丁村遗址

> 在杨钟健的决定下，我作为发掘队的队长前往丁村，因为丁村发掘被作为古脊椎动物研究室1954年的重点工作之一。这是新中国成立以后，除了周口店以外的首次大规模发掘。我在工作上取得了优异的成果，而家庭生活却遭逢"多事之秋"。

1953年5月，一些工人在山西省襄汾县丁村以南的汾河东岸挖沙，发现了不少巨大的脊椎动物化石。山西省文物管理委员会接到报告后，派王择义先生前往调查。在襄汾县人民政府程玉树同志的协助下，征集到了1.1米长的原始牛角、象的下颌骨、马牙等动物化石，还有破碎的石器、石片和像是人工打制的带有棱角的石球。

同年冬季，中国科学院古脊椎动物研究室（即现在的古脊椎动物与人类研究所）周明镇先生到太原了解山西各地采集脊椎动物化石的情况，见到了这些石片。他认为石片上有人工打击的痕迹，就把它们带回北京，做进一步研究。

旧石器过去在我国发现很少，大家看到了周先生带回的材料非常高兴。随即我们把夏鼐和袁复礼（1893-1987）等专家请到单位里来，一起观看标本并讨论丁村地点是否值得发掘。当时大家一致的意见是应该发掘。主持会议的杨钟健在会议结束时说："踏破铁鞋无觅处，得来全不费功夫。"并决定把丁村发掘作为古脊椎动物研究室1954年的重点工作之一。

裴文中先生对丁村的发掘还不太放心，1954年6月，他与山西省文物管理委员会（现改为山西省考古研究所）的王建先生又前往**复查**。

回来后，两人的说法出现了**分歧**。裴先生说所有材料都是地面上拾到的；而王先生认为地面上和地层中均有。杨钟健则认为，过去发现的太少，无论如何也要组队前往发掘。裴问杨："如果没有发现谁负责？""谁也不负责。"杨钟健一边回答，一边做手势，为组队前往丁村发掘拍了板。此次组队由我担任队长。临行前杨先生对我说："如果你能在地层中找到一块石器，你就立了头功。"

这是新中国成立以后，除了周口店以外的首次大规模发掘。为了寻找人类的"根"，我们必须到全国各地去**探寻**。

我们这个发掘队除了我和裴文中先生外，还有吴汝康先生及张国斌等人，此外还有山西省文物管理委员会的王择义先生、王建先生等多人参加。我们研究所的人是1954年9月下旬出发的。裴文中先生当时在郑振铎先生领导下的文化部文物局任博物馆处长，他先有工作去了西安，然后由西安到丁村参加发掘工作。

我们原计划是先到石家庄再转车到丁村。不料因娘子关铁路塌方，我们只好绕道陕西的潼关，然后乘船渡过黄河到风陵渡，再乘窄轨火车到达襄汾县的丁村。**抵达**潼关时已是午后，我们住在一家小旅店里。第二天清晨大家起床准备出发时才知道，裴文中先生也住在这个小店里。真是巧得很，没想到大家在这里就**汇合**了。我们一起乘木船渡过黄河，到了风陵渡，又乘火车于 22 日抵达丁村。山西省文物管理委员会的诸位先生早就到了丁村，正做着准备工作。

23 日清晨，我们就去察看地层剖面。沿着汾河东岸，北迄史村，南到柴庄，长达 10 多千米的地段上，均能陆陆续续看到石器，但多发现在地面上。人工打制的石片和石器，由于不明其出土地层，难免被人怀疑。

我们边察看，边搜寻。忽然有人喊："地层里有石器！"大家**围拢**过去。在一个剖面上有一层沙土，沙层内有一犀牛下颌骨，一块有很清楚打击痕迹的石器，一半还压在犀牛的下颌骨之下。我即叫人把裴文中先生请来察看。他没否认这是块石器。我们把它挖了出来，做了记录。从地层中找到了石器，我当然异常高兴，因为回到北京，起码有了交代。

我们在汾河东岸的铁路两侧进行了一般性的观察，对当地的地质现象有了初步的了解。在 11 千米的范围内共发现了或多或少含有化石的地点 9 处，我们将其编号为 54：90—54：98。

在上述地点里，我们选出了 54：90 和 54：94 两个地点试掘，以了解旧石器原生层位。这些旧石器和它同时期的脊椎动物化石，都被发现在顶部盖有黄土的微红色土层之下的沙砾层中。

这一地区旧石器分布很广，又很丰富，所以试掘之后，我们即分组进行发掘。发掘前首先对外露在剖面上的化石进行采集。凡是外露层面不全，而从地层上看又明显有重要发现的可能，即打探沟了解内部情况。每个地点都绘有剖面图，根据不同的层位进行发掘。

在发掘中，我们又在附近发现了 5 处化石地点，编号为 54：99—54：103。这样我们**前前后后**共发现了 14 个地点。其中在 11 个地点中不但发现了哺乳动物化石，在化石同层中还发现了毫无疑问的人工制品。由于各地点所含的石器较少，我们只正式发掘了 9 个地点，而且把注意力集中在 54：98、54：99 和 54：100 三个地点上。这三个地点都在丁村之南，特别是 54：100 地点，位于离丁村 1.5 千米的汾河岸边上。这里不但发现了相当丰富的石器和哺乳动物化石，还发现了三颗人的牙齿化石。

丁村的发掘工作由 9 月 22 日起至 11 月 12 日结束，共计 52 天。发掘人员除了古脊椎动物研究室和山西省文物管理委员会共 18 人之外，每天平均还**雇用**民工 24 人。在 3320 立方米的**沙砾**层中采得石器、蚌壳和哺乳动物化石 40 余箱。动物化石有软体动物厚壳蚌等，还有鱼类中的鲤、青鱼等；哺乳动物化石有狼、貉、狐、河狸、方氏田鼠、短尾兔、披毛犀、梅氏犀、野驴、野马、野猪、赤鹿、斑鹿、羚羊、水牛、原始牛、德永氏象、纳玛象等 20 多种；人类化石只有三颗人牙，即右上内侧门齿、右上外侧门齿及右下第二白齿。牙齿经吴汝康先生研究后得出结论——丁村人是属于北京人与现代人之间的人。

丁村出土的石器，虽然由于工人在取沙时掘出或被水冲出地表的不在少数，但无疑是出自地层之中。这些石器绝大部分是用角页岩**打制**的，角页岩石器占总数的94.7%，其他如燧石、石灰岩、玄武岩、石英岩、石英、闪长岩等较少，绿色页岩和砂岩最少，只占0.1%。

丁村石器的类型，基本上是属于大型石器范围。有多边形砍砸器、球状器（石球）、似"手斧"石器（手斧）、单边及多边形器（弧形刃砍斫器和三角形砍斫器）、多边形器（周边有刃的砍斫器）、球形多边器（有的像石钻）、厚尖状器（即三棱大尖状器）、小型尖状器等，有些砍砸器还明显可看出砍砸的痕迹。最多的是石片和石核。

丁村的石器是我和裴先生共同研究的，我们最后的结论是："……（丁村）所发现的石器，代表一种特别文化，时代是黄土时期，即更新世晚期。就时代而论，比周口店中国猿人（北京人）文化及第15地点的文化都较晚……。""在欧洲，旧石器时代文化虽然很多，但没有可以和丁村文化对比者。因此，我们认为丁村文化是我国发现的一个新的旧石器时代晚期文化。无论在中国和欧洲以前都没有发现**类似**文化。"

最初我们**推定**丁村时代是山顶洞人和北京人之间的一个环节。我们把各地点的石器都作为同一个时期的石器来看待了。随着进一步的研究，我们发现各地点的时代并不相同，各地点的石器类型也不一致。

对于丁村文化遗址的发现，我要提出三位有重要贡献的人。

一位是襄汾县人民政府的程玉树先生，是他把工人在取沙时挖出的化石报告给山西省文物管理委员会的。如果没有程玉树先生的及时报告，就不可能有丁村文化遗址的发现。

第二位是王择义先生，他本来是个外行，但当山西省文物管理委员会接到报告，派他去调查时，他不但带回来了哺乳动物化石，还将见到的沙砾层中可能是人工打击作为石器使用的工具，也一并带回了太原。丁村遗址发掘后，他更加热爱这行。此后，他小包一背，小烟袋一拿，两条腿踏遍了山西的**山山水水**。他长期在野外寻找化石地点，竟自己摸索出了一套规律。山西很多的化石地点都是他发现的，他被人们称赞为古脊椎动物化石的好"猎手"。

第三位就是王建先生，他在这次发掘中，不但发现了三颗人牙化石，还通过自己的努力，从对旧石器一窍不通，成了现在研究旧石器的专家。在1954年首次发掘之后的40多年中，王建先生和他的同事，从不同的角度对丁村文化做了全方位的深入而**精辟**的分析和研究，并基本上搞清了丁村文化的来龙去脉。他们的研究比我们的研究进展更深，这使我感到无比的欣慰。丁村文化层的年代问题，一直是考古及地质工作者关注的热点问题，因为我们当时还没有测定"绝对"年龄的方法。1993-1994年我国的古地磁专家为丁村54∶100及54∶97两个地点推断出文化层的起止时间："54∶100"剖面为13.11±0.49—11.68±0.52万年；"54∶97"剖面为12.82±0.58—11.86±0.52万年，取其平均值大约为12.96±0.49—11.77±0.52万年。丁村文化应是属更新世中期的晚期。

1954年，丁村的发掘取得了**可喜可贺**的成果，但对我个人来说，却是极为不幸的一年。我在工作时突然接到杨钟健和我家中的电报，说我父亲病重，叫我速返。我听到消息后急速往家里赶。10月12日我回到了家，看见父亲躺在床上，已处于弥留之际。我大声呼喊着父亲，只见他抬起沉重的眼皮，看着我，像是说，我终于等着你回来了。13日他就**与世长辞**了，享年73岁。

在这期间，我的妻子栖桐和景修也见了面。这是她们第一次相见，两人都有说不出的**苦涩**，谁也没说什么，默默地办理老人的后事。当年还不主张火化，我们把父亲的遗体装入棺木，承科学院派辆卡车，将父亲运回玉田老家的墓地安葬。没多久，栖桐也病了，她肝部不适，常常吃不下饭，但仍硬挺着照顾着我的母亲和四个儿女。两年后，她的病情突然恶化，经中央直属第六医院诊断是肝癌晚期。她放心不下我的老母和在身边的儿女，住院不久，就坚持要出院回家。不久她也撒手人寰，脸颊淌着两行泪水**溘然而去**。

1960年，在德胜门马甸的土城以北兴建科学城。古脊椎所也迁到了祁家豁子，我和夏景修为了照顾老母和子女，也搬到祁家豁子新建的宿舍楼。全家人团聚在一起了。

可是这时我母亲又突然患了脑出血，我的妻子夏景修，照顾了她八年。当时住房被没收了两间，由原来的四间一套变为两间一套，里边小间，我和景修睡，外间大一点儿，是我母亲和我的长子睡，我的长子因在高中时切除了一侧肾脏，在家休养，正好照顾他的奶奶。老人家在1968年的一天夜里，寂然而去，没说一句话，享年84岁。

寻找比"北京人"更早的人

为了找到更早的人类证据，我们把匼河一带作为 1960 年度的工作重点。西侯度遗址的发现，证实了"北京人"确实不是最早的人类。公王岭蓝田人的发现，再一次在国内、国际上引起了轰动，关于北京人是否是最早的人类的争论画上了圆满的句号。

丁村旧石器地点的发现和发掘，给我们带来了新的信息。从石器的特点来看，丁村石器代表了一种特殊的文化，这是黄河中下游汾河沿岸人类所特有的文化。它证明了旧石器文化在中国有着不同的传统，并非只有周口店"北京人"一种传统。"丁村人"的时代要比周口店"北京人"的时代晚。

我说过"北京人"不是最早的人类，我就一定要找到更早的人类，这也是我最大的心愿和目的。当时我的职务很多，有时影响了我到野外工地去，为此我还和杨钟健先生发过几次脾气。但他总劝我，不要**着急**，将来再说。

1957 年和 1959 年，为了**配合**三门峡水库的建设，中国科学院古脊椎动物与古人类研究所（原中国科学院古脊椎动物研究室，1957年改为现名）在那一带做了许多工作。从所发现的材料中可以看出，那一带是研究第四纪地质、哺乳动物化石和人类遗物的重要地点。经过**考证**，我们把匼河一带作为1960年度的工作重点。1960年6月由我带队，同往发掘的有王择义、顾玉珉、刘增、胡仲年、王奎昭、张引成、李毓杰以及山西省文物管理委员会的王建等先生。发掘的重点选定为"60:54"地点。同时还派人在附近**搜寻**新的地点。

"60:54"地点即在匼河，那里的地层剖面很清楚。最下面是淡褐色黏土，其时代应为距今100多万年的更新世早期。在这上面是含有脊椎动物化石和旧石器的桂黄色的**砾石**层。这个砾石层有1米厚。再上是4米厚的层次不平的交错层。这层之上为20米厚的微红色土，其间夹有褐色土壤和凸镜体薄砾石层，最上面是很晚的细沙和沙质黄土。

在为期一个半月的发掘中，我们发现了扁角大角鹿、水牛、师氏剑齿象等哺乳动物化石。发现的石制品是以石片为主，有大小石片和打制石片后剩下来的石核以及一面或两边加工过的砍研器等。扁角大角鹿在周口店13地点和北京人出土的最下层也有发现。根据这些动物的生存年代和绝种年代，我们认为应把匼河地点的时代划为更新世中期的早期。从石器上观察，北京人的石器在制作技术上比匼河发现的石器进步。尽管匼河的石器也有早晚之分，但我们都把它们按同一时代看待。无疑匼河石器要早于"北京人"使用的石器，至少60:54地点是如此。

研究了匼河的石器后，1962年，我和王择义、王建在中国科学院古脊椎动物与古人类研究所甲种专刊第五号上发表了《匼河》一文。随后又和裴文中先生在《新建设》和《文汇报》上发生了争论。不过还是**老生常谈**。

这次发掘，我们虽把重点放在匼河，但仍派出了一些人在附近搜寻新的地点。就在匼河村东北3.5千米、黄河以东3千米的西侯度村背后一座土山——当地人称为"人疙瘩"之下的交错沙层中，我们发现了一件粗面轴鹿的角化石。粗面轴鹿生活在100—200万年前。在**采集**粗面轴鹿角的过程中，还发现了3块有人工打击痕迹的石器。我们怕引起麻烦，所以只在《匼河》一文中说："其中还发现了几件极有可能是人工打击的石块"，很显然，西侯度是一个很重要的线索和地点。

西侯度是个不大的村庄，位于芮城县西北隅、中条山之阳，西与永济县的长旺村、独头村相接壤，北与芮城县舜南村相对峙。东邻东侯度，南界潭新村，并与同蒲铁路的终点站风陵渡相距10千米。

1961年的6月、7月间和1962年的春夏之际，王建主持了两次发掘。参加发掘的人有山西省博物馆的陈哲英、丁来普等。我在北京整理标本，没有**参加**，但先后前往这个地点进行了观察和研究。由于当时的自然灾害等原因，他们的发掘都是在生活极端困难下进行的，这种对待事业的精神也极大地感动和激励着我们这些科学工作者。

西侯度地点的地层剖面，保存十分完整。由上新世到更新世晚期都有保存，总厚139.2米。产化石和石器的地层，位于距底部79米之上的交错沙层中，有1米左右厚。从剖面就能看出，含化石和石器的地层属于更新世早期。发现的哺乳动物化石有：剑齿象属、平额象、纳玛象、双叉麋鹿、晋南麋鹿、步氏真梳鹿、山西轴鹿、粗壮丽牛、中国长鼻三趾马等。除鲤鱼、鳖、鸟和一些哺乳动物不能定种外，其余的均能定种，它们都是更新世早期的绝灭种。和化石同层发现的石器，除1件为火山岩、3件为脉石英，其余的都是各种颜色的石英岩。在石器的组合中，包括有石核、石片、砍砸器、刮削器和三棱大尖状器等。最大的石核有8.3千克重，它是从巨大砾石的边棱上，用巨大的石块**砸击**下来的，然后再加工成适手的砍砸器。还有漏斗状的小石核，是从台面（平面）的边缘，打下细小的石片再制作成的较小工具。在研究了这些石器之后，我和王建一起写了《西侯度——山西更新世早期古文化遗址》一书。由于种种原因，直到1978年此书才由文物出版社出版。

西侯度遗址的发现，使更多的人都**确信**"北京人"确实不是最早的人类，这是从文化遗存上得到证实的。能不能找到100万年前的人类化石？杨钟健叫我想想办法，这也是我的下一个目标。但要达到目的谈何容易！到哪里去找？正当我们无从下手的时候，机会来了。

1959年，地质部秦岭区测量大队曾河清先生在一次三门峡第四纪地质会议上介绍了陕西省蓝田县泄湖镇的一个第三和第四纪的剖面。同年中国科学院地质研究所的刘东生先生，也到西安市郊和蓝田县泄湖镇采集脊椎动物化石，并对第三纪地层做了划分。根据这个**线索**，中国科学院古脊椎动物与古人类研究所于1963年6月派出了由张玉萍女士和黄万波、汤英俊、计宏祥、丁素因及张宏先生等 6 人组成的野外工作队，到蓝田县境内的新街、泄湖镇、公王村、厚子镇和黄家新村等地，开展了系统的地质古生物调查和发掘。

就在这次野外考察中，7 月中旬在距蓝田县城西北 10 千米的泄湖镇陈家窝村附近发现了一件完好直立人（过去称猿人）的下颌骨化石和一些石器。下颌骨经吴汝康先生研究定名为"蓝田猿人"。"蓝田猿人"是距今 50 万—60 万年前的人类，它的发现增加了蓝田地区在学术上的重要地位。

1963 年第四季度在北京举行的全国地层委员会扩大会议上，提出了由中国科学院古脊椎动物与古人类研究所与其他有关单位协作，再次对蓝田地区进行详细调查，并筹备 1964 年第四季度举行一次蓝田新生界现场会议的**议案**。

这么大范围进行新生代时期（从六七千万年前到现在）地层的调查，决非我们一个研究所能够完成，我们必须与其他部门密切合作才行。地质部门、大专院校和中国科学院有关研究所共 9 个单位参加了这项工作。大家协同作战，对这一地区的地层、冰川、地貌、新构造、沉积环境、古生物、古人类和旧石器考古等学科涉及的**领域**进行了综合性的考察和研究。古脊椎动物与古人类研究所除了参加地层调查工作外，还承担了古生物、古人类和旧石器的发掘和研究。

1964 年春，古脊椎动物与古人类研究所派遣以我为队长的考察队和由赵资奎等人组成的发掘队，对蓝田地区新生界进行了更大规模的调查和发掘。为了搞好这一工作，所里还派张玉萍、黄万波、汤英俊、计宏祥、尤玉柱、丁素因、黄学诗等先生前往工作，由毕初珍任**秘书**，此外，还派郑家坚、黄慰文、盖培、吴茂霖、张宏、武英等先生参加各个地点的发掘。

经过 3 个月的努力工作，我们不仅填制了 450 平方千米的 1∶50000 新生代地质图，**实测**了 30 多个具有代表性的地质剖面，还发掘出大量的脊椎动物化石和许多人工石制品。特别值得兴奋的是，在灞河西岸的公王岭，我们发现了"猿人"头盖骨、上颌骨及牙齿化石。

公王岭是一条土岗，在公王村背后，村前临灞河，后依秦岭，属蓝田县九间房乡，离西安市区 66 千米，在蓝田县城之东 17 千米。西安通往商县的公路就从公王岭山边经过。过了灞河桥就是公王村。

在公王岭见到的地层，底部是棕红色沙质泥岩与砾岩为主的**沉积**。在沙质泥岩中，发现了三趾马、鹿类和犀类的化石。我们判断其时代为距今 200 万—500 万年前的上新世。这个沉积层厚约 20 米。在这层之上有一个剥蚀面。剥蚀面之上分布着厚 33 米、颜色呈灰白色的砾石层。关于这一层的时代，有人认为是更新世早期，我们在野外把它看作是更新世中期的最早期。在这层砾石之上覆盖着 30 米厚的红色土。在红色土的底部之上约 5 米的地方，发现了很多哺乳动物化石。

在这个地点，同层的化石有的地方很多，有的地方则一点儿也没有。一些动物化石像大角鹿的犄角、古野牛的牙齿、三门马的下牙床等都被钙质结核胶结在一起，非常紧密。它们像是被水移动过。像这样的**埋藏**形状过去很少见到。

5 月 22 日发掘小分队发现了一颗人牙。黄慰文将其拿到蓝田县考察队的住地给我看。我看一点儿没错，马上就邮寄给了北京的杨钟健所长，随后我也赶到了公王岭。当我到那里时，大家正围着一大块（约1立方米）被钙质胶结的土块，商量着怎么整块地起运走。土块上露出许多化石。当时正是雨季，化石很糟朽，在现场挖，怕把化石损坏。终于大家想出了"套箱法"，即用大木箱将土块套起来，再将土块底部挖空，把箱子翻过来，再把箱里空隙处灌注石膏，这样就能既方便又安全地将化石运走。

这一箱被钙质胶结在一起的化石堆运回北京后，当年8月，在修理化石技术能手柴凤歧的指导下，青年技工李功卓着手进行修理。几个月下来，修理出一些哺乳动物化石。10月19日，还修出了一颗人牙。这时大家都认为会有重要的东西出现，心情很激动。李功卓修理时更加精心了。几天后，果真修理出了一个人的头盖骨，随后又修理出了一颗人牙和一个人的上颌骨。

人类头盖骨的发现，所里看法不一。杨钟健所长马上召集裴文中先生、周明镇先生、吴汝康先生和我开会，叫我们**各抒己见**，谈谈这头骨到底属于什么。裴文中先生认为它可能是大猿的头骨，头骨被挤压后形成了现在的模样，而我、周明镇和吴妆康都认为它是人头骨。最后杨所长赞同我们的意见，也认为是人头骨，他还说，如有不同看法，可以发表文章，说明各自的见解，进行学术讨论。从此之后人头骨就成为定论，再也没有否定的意见。

人类化石是由吴汝康先生研究的。他把陈家窝村发现的下颌骨和公王岭发现的头盖骨合在一起，定名为"蓝田中国猿人"。我一直认为，陈家窝村的下颌骨和公王岭的头盖骨，实际上是两码事。陈家窝村的人化石，从下颌骨的构造上看应归于"北京人"，而公王岭的头盖骨才称得上是蓝田人，学名称"蓝田**直立人**"。

上述两个地点的哺乳动物化石也不一样。陈家窝村地点发现的哺乳动物化石与周口店第 1 地点基本相同；而公王岭发现的哺乳动物化石尚有南方种。后来经过绝对年代测定，公王岭化石层距今为 110 万年，陈家窝化石层只有 60 万年。

秦岭抬升很快，使它成了南北**屏障**，以致有"秦岭之南行船，秦岭之北行车"之说。在它未抬高之前，一些大哺乳动物可以越过秦岭到达公王岭地区。著名诗人王维在秦岭的终南山之下隐居，当时他的门前还可通舟，现在河水已成细流，一步可以迈过。灞河从前行舟，由于秦岭抬升过速，现在灞河水流很急，已不能行舟，河水一泻而下直流渭河。

　　仔细观察公王岭出土的头盖骨，可以看到它的外面凹凸不平。研究者认为是被水冲磨造成的。我认为不是，如果经水冲磨，头骨必然会露出里面的结构，同包子皮破了就会露出馅儿的道理一样。但此人头骨的结构与正常的头骨相比完全不同。在凹凸不平的地方，外面包有一层薄的外壳，里面也是一层薄壳，中间夹着棕孔样的结构。正常的头盖骨，从断破的地方看，内外是两块骨板，中间夹着海绵式的骨松质。公王岭头盖骨表现出的显然是一种病态。是什么病，我不懂。我记得，我小的时候在外祖母家读私塾时，村里有一个人在东北染上了梅毒。听说临死前，他脑壳都塌了下去。当然我没学过病理学，只是联想。无独有偶，1976年、1977年在山西阳高县古城乡许家窑村发现的距今10万多年前的许家窑人的头骨片中，也有公王岭蓝田人的现象。这是病理现象，还是环境、气候等生活背景影响造成的一种异常现象？看来这也是古人类学研究的课题之一。如果是病态，研究出他的病因、病源，岂不是有了世界上最早的一份"病历"！

　　公王岭蓝田人的发现，再一次在国内、国际上引起了轰动，国内外的报刊、电台、电视台纷纷报道。当时的气势有如1965年5月4日我国成功地爆炸了一颗原子弹。的确，这是继20世纪20年代末、30年代中期，周口店发现了北京人之后，在我国境内发现的又一个重要的直立人头骨化石。它不仅扩大了直立人在我国的分布范围，而且把直立人生存的时代往前推进了五六十万年，从而给我国有没有比北京人更早的人的争论画上了圆满的句号。

河西之行

在别人的资助下，我们成立了"河西考古队"。在这次没有规定路线的考察中，我们沿路西行，希望在路途上有意外的收获。虽然在古人类和史前方面我们没有重大收获，但沿途的风景和祖国灿烂的文化给予我们心灵上极大的震撼。

我首次到甘肃河西走廊的**戈壁**滩去考古是在 1948 年，至今事隔近 50 年，那时的条件，远非今日可比。

1947 年，裴文中先生到甘肃和青海考察。裴文中认为东西方文化的交流，那一带是必经之路，历史上如此，史前也不能例外。这一观点得到了中央地质调查所所长李春昱、北平分所所长高平、西北分所所长王日伦等人的支持。

1948 年，在一位不愿意**透露**姓名的人的资助下，我们成立了"河西考古队"。裴文中任队长，我和西北分所的米泰恒分别任发掘组和调查组组长。北平分所的刘宪亭也参加了。裴文中先行了几天，我和刘宪亭是乘军用飞机后赶到兰州的。坐这种飞机，真要有点儿本事。因为飞机不密封，座位又是帆布兜，飞到空中，氧气一少，人难受得很。每到一站，我们都躺在地上大口大口喘气，得机会休息一下，恨不能在地上把氧吸足再起飞。一旦上了天，又开始难受。就这样我们熬到了兰州。

这个考古队，除了我们地质部门4个人外，还有兰州大学的武律和西北师范学院的孔宪武、刘天民等教授同行。他们是为考察地理和植物去的。虽然工作不同，但表面上仍是一个综合性质的考察团。由于老地质调查所所长翁文灏的关系（已任国民党行政院院长），我们到了兰州后，得到了张治中将军的支持，他为我们派了军用卡车和司机。所到各地都得到军方照顾，配有马匹供我们骑用。

7月16日我们从兰州出发。此次考察，预先没有规定路线，只是沿甘新公路一直西行，随时搜索古人类留下的遗迹。每到一处，除向当地村民**了解**情况外，就是无目的地到处跑，不想还有了**游览**"黑水国"的机会。

　　"黑水国"在张掖县城西15千米处。据当地人说"黑水国"就是《西游记》中的女儿国。甘新公路**横穿**"黑水国"中心，但大部分黑水国"国土"分布在黑水河西岸。黑水河又名弱水，源于青海北部。这条河是有名的河西走廊的一条大沟。沿河一带有许多绿洲，河流两岸盛产大米，闻名于河西一带。虽然我们一点儿也看不到《西游记》中的"女儿国"的**蛛丝马迹**，但这里确实比较繁荣。

　　到了黑水桥畔，我们兵分两路，一队由裴文中和米泰恒率领沿公路之南考察，我和刘宪亭等人沿公路之北随走随搜索。我们翻过了十余座沙丘，在一座沙丘的背后发现了一个台地。台地土呈红色，上面到处是砖头和陶片。砖有黑、红两种，黑色的硬如岩石，敲击如磬。今日的砖远不能与之相比，它有点儿像民勤县（在张掖县以北）的"铁砖"。陶片呈深灰色，从花纹及式样上看似汉代遗物。往北百余米碎砖很多，有的堆在一起，像**坍塌**的建筑物。再往北200多米，砖头越来越少，像是遗址的边界。

　　忽然我们听到米泰恒"呵呵"的笑声，知道他们在那边也有了发现。我们跑过去一看，也是砖头和陶片，和我们发现的没什么两样。裴先生俯着身子捡拾着东西，米泰恒拿出了带绳纹的陶片和一片残石刀给我们看。看到这些汉代或汉代之前的遗物，我们也产生了兴趣。

　　从公路往南约半里路，碎砖极少，而整砖很多，都是黑色的，表面被风吹得很光滑，有如水磨的一样，棱角的地方都发亮。砖的大小与现在的砖差不多，只稍厚一点儿，且砖的一端有一个圆形凸起，另一端是一个凹坑，无疑这是砖的榫口。虽然我们对这些遗物也感兴趣，但那不是我们考察的目标，我们只做了详细**记载**。

再往南50米，有一堆细沙，它的周围除了碎砖和陶片外，还掺杂着"打击石器"。"打击石器"是用砂岩制作的，虽然制造简单，但第二步加工（即把一块从石核上打击下来的石片，经过再加工打击修理成适手的工具）很清楚。毫无疑问，这是人工制造的石器，但时代很晚。这类的石器在这里分布很广，其中还有1件磨光钻孔的石片。

距黑水桥西南约2千米的地方，有一个废城址。孔宪武先生曾去过，所以他一说，我们大家都有兴趣前往一游。下午3时，大家穿过公路往西南行走。一路上遍地是荒沙，星星点点生长着一些蓼科植物。在细沙上行走如脚踏**海绵**。离开黑水桥500米，砖头、陶片逐渐减少，这证明汉代前的遗址是以黑水河以南300米为其中心地带，分布的范围也在200米之内。绕过一座较大的沙丘，就看见了废城址。城的周围已被沙子埋没，尤以西北两面最为厉害。我们从城的西北角的沙堆上爬进城去，这里的城墙保存尚好，仍可以看出它的原貌。城内，砖头、瓦片到处皆是，其中还有**黑黝黝**的瓷片，证明这是唐代以后的建筑。城只有东门，砖砌的城瓮已被风吹成长短不齐的锯齿状。城址呈方形，南北长约240米。城内房屋建筑虽不存在了，但可以看出南北、东西的街道仍保存得很好。据说，修建公路时用的砖就是从这里取材的。

8月1日我们一行到了酒泉。调查地理的人要去金塔县鸳鸳池走一趟。鸳鸯池水库，在当时的中国算是最大的水利工程之一。从酒泉到金塔县有一条比较大的河，名为临水，又叫大北河。大北河发源于祁连山，经酒泉、金塔县到鼎新县城西与弱水汇合流入居延海。我们也想调查这一带有没有史前人类的足迹和居住过的遗迹，所以也同他们一同前往。

酒泉古时名叫肃州。据《酒泉县要览》记载，酒泉古为雍州之域，周衰沦戎狄，秦为月氏国，汉武帝元狩二年开河西置酒泉郡以通西域。

"酒泉"地名之由来，是因城东郊约500米有一眼泉水。泉虽不大，但**清澈见底**，水质甘甜。当地传说，古代有位官吏到此驻边，一天将皇家慰劳的好酒数坛倾倒泉中，叫人随心饮用，以示与民共享之意。后来人们把这眼泉水叫作酒泉。今天，这眼泉水的周围，**种花移木**，修亭筑阁，经多次改建，已成为"金湖公园"，成了一个消夏胜地。

有名的老君庙油矿在酒泉之西84千米，油矿上的8000多名员工的日用品，大部分依赖酒泉供应。石油公司在酒泉设有办事处，所以酒泉也日益繁荣。比起"金张掖""银武威"要繁华多了。但酒泉的饭馆50年前远不如武威，价贵而且很脏。当时的齐鲁菜社和金陵菜社在当地很有名声，每盘菜里吃出几只苍蝇是很**不以为奇**的事。

金塔县，因附近有个金塔寺而得名，1914年改称此名。县城很小，每边不足半里路。土质的城墙有两米厚。县的北方有个叫遮虏障的地方，据说是李陵和单于决战的地点。我们在那里没有找到什么遗迹和遗物。

从酒泉西行 25 千米就是嘉峪关。这一地带南北两山相距很近，形成了一条极窄的狭地，地势险要，是进入新疆的咽喉。狭地南达红山祁连，北依黑山牌楼，关居中央。因关北的平冈有嘉峪山，故称嘉峪关。它建于明洪武五年，是边防要地。

我们这支考察队于 8 月 5 日由酒泉前往老君庙，得到了游览所谓"雄关巍峨，金汤可守"的嘉峪关的机会。由公路到关前，有一片湿草地，汽车不能再开，我们只得踏着地埂步行了。关的东门分内外两门，外门名朝宗，内门名光化。两门均被保长**锁闭**，不能入内。我们中的一个人从门的下缝中爬到里面，又用挖化石的钢钎把门**撬开**而入。这也是不得已的办法。参观完毕，又从原路退出，顺着城南墙绕到西门。此门才是关的主门，门上题着"嘉峪关"三字，只是城楼于民国前 3 年毁于兵乱。

随后，我们考古队从嘉峪关西行，经玉门、安西到敦煌。在安西遇到了一场大风，刮得昏天暗日。当地形容风大有"每年只刮一次风——由大年初一到大年三十"之说。我们沿路随走随调查，8 月 11 日才到达被世人称之为艺术**殿堂**的敦煌。

敦煌是通往拉萨、蒙古和南西伯利亚的道路的枢纽，位于元代客卿马可·波罗称谓的"丝绸之路"上。五代西凉国初建在此。现在敦煌市内各街巷，都以县为名，如河西县、狄道县等，这是因为战乱敦煌被毁之后，居民逃亡各地，战后又由各县迁回，街道就以他们原先居住的县名做了街名。

南疆公路起于安西，经敦煌，沿着阿尔金山之北，一直通到南疆。由安西到敦煌有 119 千米，中途有四个站，每个站有个窝铺，是旅客休息的场所。所谓窝铺就是一间小房和一口苦水井。除此之外，是一眼望不到头的沙漠，连树都少见。未建公路前，这里的交通只能**依赖**畜力或步行。

我们到了敦煌，把南湖附近的工作完成后，于14日午后沿公路往回返，行至109号里程碑处转入文化路，往南行驶10千米就到了莫高窟。我们来这里是查看玉门系砾石（即通常所说的鹅卵石）地层。

莫高窟位于敦煌东南17千米。在三危山和鸣沙山之间，有一玉门系砾石岩悬崖。石窟即开凿于悬崖之上。在自南而北长达160多米的悬崖上，皆凿有石窟，栉比相连，远远看去就像蜂巢一样。

据武周李氏重修的功德碑所载："石窟始建于前秦建元二年，有沙门乐僔戒行，清灵机心**恬静**，尝杖野行，至此山忽见金光千状有千佛，造窟一龛……"此后历经北魏、西魏、隋、唐、五代、宋、元各代增建，经过1545年的悠久历史，才造就了这个伟大灿烂的石窟文化。石窟有大有小，小者数尺，大者数十丈。当时敦煌艺术研究所已清理出石窟400多座，未清理出来仍埋于沙中的还不知有多少。

千佛洞口皆朝东。洞前有条河，因雨水少，河水已干。河床与悬崖之间，有条小溪**蜿蜒**北流。溪的两旁，经王道士种的杨树已经成林。

抵达莫高窟的第二天，我们就造访了敦煌艺术研究所。小溪与河床之间有上、中、下三个寺院，中寺原名雷音禅林，清乾隆三十七年修建，现已成了敦煌艺术研究所。适逢所长常书鸿先生有事去了北京，接待我们的是常所长的夫人李承仙女士和段文杰、孙儒涧两位先生。在段、孙两位先生的指引下，我们先后参观了北魏和魏、隋、唐、宋、元等几个洞。洞很多，不论大小都有编号，并注明年代。编号有两种：一种是以前张大千先生编制的；一种是艺术研究所自己编制的。我认为各洞应以唐代之作最好。第096号洞最大，中间塑着释迦坐像，在所有塑像中它是最大的，极为庄严，可惜经后人重修，已失去了原来的色调。这是在玉门系砾石的峭壁上，先雕刻出像的雏形，外部再施以泥塑。洞口外，建有九层高楼，楼上的匾额题有"莫大乎是"四字。据重修千佛洞九层楼碑记载："佛身高十八丈，五代及元皆有营建。民国25年又重修。"

告别了千佛洞，我们乘卡车到玉门关绕了一圈，来到了敦煌城西的戈壁地带。一位老人告诉我们此地就是唐代人李华所写的《吊古战场文》所描写的古战场。看到遍地沙砾，真好像看到了昔日战场厮杀的情形。我心中默背着《吊古战场文》："浩浩乎，平沙无垠，夐不见人。河水萦带，群山纠纷。黯兮惨悴，风悲日曛。蓬断草枯，凛若霜晨。鸟飞不下，兽铤亡群。亭长告余曰：'此古战场也'……"

此行考察，虽在古人类和史前方面无重大收获，但旅游了一番，增加了很多知识。一些知识书本上能学到，但没有亲身经历，是体会不深的。不亲眼看到莫高窟千佛洞，感受不到祖国的文化是多么灿烂辉煌。

寻找细石器的起源

为了研究旧石器的传统，我自20世纪70年代中期之前就在东北、内蒙古及各地到处奔波。细石器到底起源于什么地区？又是怎样随着人类活动分布到各处的呢？为了解开这个疑问，我和科学家们开始了"寻找细石器的起源"之旅。

远古人类以石击石的方法打制出的石器主要分为两大类：一种是小型的，一种是大型的。当然一些遗址中两类同时共存的现象也不少，这是人类在当时特定的生活环境下形成的。

过去就有人说过，细小的石器是在草原上生活的人类使用的，这种推论是可能的。在我国，特别是在北部，细石器很普遍，东北、华北、西北广大地区均有分布。在四川也有**分布**，四川省文物**保管**委员会主任、古人类学家秦学圣先生曾陪我到雅安一带考察过。此处石核的类型以船形、锥形（或称铅笔头形）、柱形、楔形为主。

从中国往东，在日本、韩国、东西伯利亚和北美洲也都有相同或类似的细石器发现。特别是晚期的石器，连类型和打制的方法都基本一致。例如以"船形石核""锥形石核"（或称铅笔头形石核）、"楔形石核"为代表的类型群，在辽宁、吉林、黑龙江、内蒙古、宁夏、山西、陕西、甘肃、新疆等省和自治区都有所发现，往西分布到喀什。石器虽有大小之分，但类型和打制的方法是一致的。

细石器到底起源于什么地区？又是怎样随着人类活动分布到各处的呢？我的想法是，在数万年到1万年前第末次冰期的时候（据现在的研究结果，时间还要提前），下降的雨水凝结成**冰雪**，不能复归于海。又据冰川学家研究的结果表明，在冰期高峰时，海面可以下降100多米，使隔海地带变为通途。人类在这个时期到达各地的可能性很大。

早在20世纪30年代，德日进根据我国新疆、蒙古人民共和国和阿拉斯加均有同样类型的石器发现的情况，认为这一类型的细石器是从中国分布到北美去的。大小石器不能**混为一谈**，小石器在使用上不能替代大石器，同样大石器也不能替代小石器。

为了研究旧石器的传统，我自20世纪70年代中期之前就在东北、内蒙古及各地到处**奔波**，对细石器尤为注意。对上述这些类型的细石器的起源地，有的外国学者认为是贝加尔湖，有的学者认为是中国。自从我详细观察了北京人的石器之后，认为细石器起源于我国的华北。因为在含北京人的化石层里，特别是在上部发现过许多小石器，有的小石器小到只有两三克重。虽然早期的细小石器和晚期的细石器在打制技术和类型上完全不同，但在其细小上则是一致的。随着时代的前进，生活环境的改变，当然打制出的石器有所改变和演化，这也是历史的必然。

我在东北、华北、西北各地不止一次地调查，走得最多的是内蒙古和黑龙江。现在回忆起来，仍然勾起我许多**怀念**。我到过的地方很多，但去过后忘记的也很多。有很多有趣的事和一些发现，时间一久，因想不起去的准确时间及一同前往的人员，就只好弃之不写了。1997年的6月1日，是杨钟健先生诞辰一百周年**纪念日**，他的许多亲朋好友、同事或学生都来我们研究所参加他的纪念活动。我当年的进修生，现甘肃省文物考古研究所所长谢骏义先生也出席了。他来看望我时，提到了我们一起做长途调查的情况，又引起了我的回忆。

那是1974年7月下旬，我和谢骏义、卫奇两位先生，为了寻找旧石器，特别是想搞明细石器的分布，到内蒙古、雁北、宁夏、甘肃等地做了一次长途旅行。我们是这年7月30日从北京乘火车出发的。沿途的火车都**脏乱不堪**。我本来可以坐软卧的，但买不到票，只好作罢。软卧车厢挂得靠后，列车员也是有了乘客现开门打扫。当时吃饭成问题。车进了站，虽说站台上有卖东西的，但也都是一抢而光。

火车走一夜，次日便到了呼和浩特。接待我们的是内蒙古自治区博物馆。当我们参观博物馆时，看见陈列柜里有一个石针，它引起了我们的兴趣。我请博物馆的陪同人员把它拿出来仔细观察。这枚石针呈黑色，有如火柴棍大小，上方下圆，针尖锋利，石质不硬。据博物馆的同行介绍，它出自新石器时代遗址。我看了后认为是新石器时代的人作为针砭治病用的石针。

回到北京后，我和一位老医生谈了这件石针，他非常兴奋，立即叫我给他写了封介绍信，**急急火火**地去了呼和浩特内蒙古自治区博物馆。看后老医生非常同意我的看法，也认为此石针是做针砭用的。如果我的推断得到证实，中国早在七八千年前的新石器时代就有了石针针刺治病，石针是医学史上不可多得的宝贵证据。那位老医生临走，还要求接待他的博物馆汪宇平先生给他做个石膏模型，结果失败了，不过汪先生还是用木料为他复制了一根。他回到北京后拿复制的石针给我看，我看其大小形状都同原来的那根很近似，也是黑色的，只不过外表光亮一些。这些都是后话了。

我们到内蒙古的时候，肉还是定量**供应**的。汪宇平非要我们去他家吃饭不可，说是请我们吃粉条子炖猪肉，他说借我们的光，也一起**解馋**。他哪弄来的肉呢？饭桌上，他露了实情，原来他向上级打了报告，说是从北京来了"贵客"，上级特批了10斤猪肉。

我们这次在内蒙古活动大约有一个月，内蒙古博物馆葛静微副馆长等亲自接待了我们。首先，汪宇平先生领着我们参观呼和浩特东郊新发现的大窑遗址。这是一处石器制造场。在红色沙层里石器和石片很多，几乎满山头都有石器和石片分布。看来很早以前——距今约二三十万年，就有人类在此制造石器了。据村中的老人跟我们说，直到最近还有人在这一带开采火石出售。

这个遗址的发现也是很偶然的。汪宇平先生原是报界人士，自从调到博物馆后，对旧石器产生了浓厚兴趣，潜心钻研。有一次他得知大窑村发现了窖藏的古瓷器，就到那里为博物馆去**收购**。在老乡家里吃完晚饭后，他从衣兜里掏出一块石片，问老乡这里有没有这东西？老乡说，这里有的是，就在离这里不远的山坡上。结果这个遗址就这么被发现了。

这个遗址应该很好地进行保护，发掘时也应该按照不同时代的地层发掘，切不可混淆在一起。这对以后的研究非常有益。

随后，汪宇平、李荣和其他三位先生加上我们三人分乘两辆吉普车从呼和浩特出发，到四子王旗、二连、集宁等地考察。在包头我们看到了两个旧石器地点。两个地点都位于两个小山包上，相距不远。这两个地点出土的虽然都是细石器，但仍属于数万年前的旧石器地点。

从包头北行到了百灵庙。参观了百灵庙后，在招待所小住了一夜，往西前往白云鄂博，沿途考察石器地点，在白云鄂博之北我们发现了一处细石器地点。从白云鄂博往东行又到了苏尼特右旗，沿途都有发现。在脑木根这个地方还发现了相当古老的哺乳动物牙齿化石。

从脑木根去二连，我们的汽车沿着中蒙边界上行走。中蒙边界线当时有一条10米宽的界线，年头久了，已辨别不清。中途遇不到人家，司机不时地停下车来观察方向，**唯恐**超越了国界，跑错了方向。我们大家也**提心吊胆**，到了二连后才放下心来。

这次旅行考察，可以说出了包头不久，便进了戈壁地带。所谓戈壁，就是到处都是苹果大小的砾石加粗沙，一眼望不到边。地面缺水，植物稀少，当然也很少见到人烟。我们在出行前准备了好几天，最主要的是要带好修理工具和充足的饮水。为了相互照应，还必须有两辆吉普车同行。途中偶尔能遇到帐篷，它们都支在有一点儿荒疏的草的地方。遇见这样的帐篷，只要你在外面问一声好，就可以走进去，盘腿在地毯或毡子上一坐，会受到主人的很好招待。奶茶是少不了的。帐篷里总烧着水，女主人马上会擦一擦碗，抓上一把炒过的糜子粒，倒上煮好的砖茶，放在客人的面前。几碗入肚，茶中的糜子粒也吃光了。我喝他们的奶茶不喜欢放盐，也不用筷子，喝到最后，碗中的剩米粒用舌头舔几下就吃得干干净净。

二连在中蒙边界上，虽然城市不大，但相当有名。从北京直达莫斯科的火车，在这里要进行边境检查，火车也要换成宽轨的苏联列车。城里只有一条不长的街道，东西走向。中间靠北侧有一条不长的街，街的北头就是中蒙边防站。

在二连宾馆居住，我们和当地驻军建立了联系。记得有一天他们邀我们一起外出猎黄羊。大家乘的都是吉普车，他们在前，我们这些人因不会放枪便殿后。他们在前边打，我们在后边捡，拾到打死的黄羊就扔到车上。我们的司机看到有的车猛追逃跑的黄羊，直到把黄羊追得累死才算了，也兴致大发，跟着追了起来。虽然累死了几只黄羊，但我们也漏拾了很多只被打死的黄羊。

在这里野生的黄羊很多，一群群的，有的一群达几百只，甚至上千只。它们常和家羊争夺有限的草地，所以群众很希望消灭它们。

这些黄羊与山羊很相似，但腿长得多。我在放牧的羊群里，有时看到掺杂的黄羊。看来这种野黄羊也并非不能驯养。只是当地人不喜欢吃黄羊而喜欢吃家羊，黄羊被作为狩猎对象罢了。

就在这一天我们吃了一次烧整羊。主人请我们就座后，四个人把一只烧烤好的整羊放在一个大木盘里，抬上桌来，羊头向前伸着，四条腿窝在身下。我们每人面前放了一把刀。烧羊味很香，但没人动手。后来有人在我耳边说了几句，我才明白。我是主客，按当地风俗，我必须先在羊身上拉一刀，大家才能动手。

我拿起刀子在羊身上划了一刀后，大家七手八脚地动起手来。只见主人拉下一大块尾巴油给我吃，这实在难为我了。后来同行者说情，我才吃了一小条。这时大家开怀畅饮，大口吃肉。我虽然还能喝上二两酒，但遇见这种场面，只好说自己有心脏病，不能饮酒。否则只要一小杯下肚，就会叫你换大杯，直到醉倒为止，不醉不够朋友。他们对客人真是十分热情，但也叫我们有点儿发怵。

我们并没有忘记这次旅行的目的，在二连也探查了一些石器和哺乳动物化石地点。

完成了对二连的考察，我们又南下经苏尼特右旗到达集宁市。在集宁我们停留的日子较多，因为在集宁的南郊以前就有人发现过一处细石器地点，我们也曾到那里进行过发掘。这次还想在附近察看一番。我们在集宁市发现这里的领导和群众对古代遗迹非常感兴趣。他们认为古代人类曾在他们这里居住过是一件很荣幸的事。他们要求我们在集宁市的剧院礼堂给大家讲了一次课，参加的人数还很多。

在集宁考察，我们不但要走很多路，还要随时察看地面，所以要低着头走路。有时回到住所感到很**劳累**。有一天，跑了很多路，回到住所后已经很疲劳，但我还想到一家点心铺里去看看有什么当地的风味糕点。陪同我们一起调查的一位集宁市工作人员对我说："我们这里做的点心比砖头还硬，牙齿好的人恐怕也咬不动。"我说："你们给他们调换一下工作不就成了吗？""怎么换？""把做点心的让他去烧砖，把烧砖的调来做点心不就成了吗？"大家听后都大笑起来，也不觉得累了。

我们这些在野外工作的人，常常说笑话，这样对**解除**疲劳很起作用。30 年代时，我们的笑话很多，有心的人真可搜集起来写一本《笑话小集》。有关卞美年先生的笑料就不少，可惜年代久远遗忘了很多。我记得有人写过一首打油诗："好女不嫁地质郎，**一年半载**守空房，外出打扮像公子，回来虱子爬满床。"这也从侧面描写出了我们地质工作者的生活。

9 月 1 日，我们返回呼和浩特市。在集宁市时，卫奇先生就告诉我，大同市以东的阳高县许家窑和与之交界的河北省阳原县的侯家窑村，有的农民在那一带挖"龙骨"，由于砸死了人而被禁止了。地层里发现了很多石器。我认为这个消息很重要，决定立即到那一带走一趟，做个调查。

我们到达呼和浩特后，没过多地停留，即到大同市，在雁北地区文物工作站负责人、考古学家张畅耕先生的陪同下，前往雁北地区考察。考察进行了十多天，除在左云县境内考察石器地点外，也顺便参观了大同市的云冈石窟、大同九龙壁、上下华严寺等古迹。接着又考察了山阴县的鹅毛口新石器时代石器制造场，看到了石锄等农具。这些石器证明了当时已有农业出现。

在朔县我们考察了 28000 年前的石器地点。这一地点的石器类型很多，已与后来的细石器有所接近。我们还前往应县参观了**久负盛名**的应县木塔。最后到了我们非常想看的位于山西省阳高县古城乡许家窑村。我们在村东南约 1 千米的一处**断崖**上，看到遍地是哺乳动物化石碎块，地面上的石器也很多。我当时就断定这是一处非常值得发掘的地方。

在这个地点，1976 年春、1977 年秋和 1979 年进行过三次发掘，发现了大量的细小石器和人骨化石及哺乳动物化石。石器制品非常精致，我们还以为是数万年前的人类制造的。后来发现了人类化石，因其具有许多原始性质，所以时代提到了十万年前。这个地点定为"许家窑遗址"。

考察时卫奇发现，当地的妇女的门齿外面多有圆形的凹坑，他认为是饮水中含氟量太高所致。在这里发现的头骨骨片化石，我也观察到它们与正常人的头骨不同，有异断面的内外骨板相夹的骨质呈棕孔状，并非像正常人呈海绵状。这与陕西公王岭发现的蓝田猿人头骨的断面十分相似。此种现象是因饮水含氟量高所致还是一种病态，我没搞清楚，因为我不是病理学家。如果有人去**研究**它的病因，在病史上也是很不得了的事情。所以我认为研究古人类学，由于它涉及的面很广，必须进行综合研究才能得到突出的效果。

1974年9月中旬，我和谢骏义、卫奇两位先生从大同乘火车到达了宁夏回族自治区的银川市。接待我们的是自治区文化厅文物处处长、博物馆的钟侃先生。在宁夏我们首先考察了贺兰县两处细石器地点和一处新石器地点。值得一提的是我们参观考察了**仰慕已久**的水洞沟旧石器时代遗址。

水洞沟遗址是1923年法国天主教耶稣会神父桑志华和德日进发现的。德日进1923年第二次来华，当年即和桑志华从北京乘火车到达包头，然后步行加骑驴到银川。从银川往东南，他们**渡过**黄河，在离黄河东岸不远处发现了水洞沟的遗址。在这个遗址的黄红色的土层里，他们发现了不少石器。再之后他们东行，在内蒙古自治区萨拉乌苏河附近又发现了萨拉乌苏遗址。水洞沟遗址的石器是大型的，萨拉乌苏遗址的石器是小型的，有的细小石器其重量不足一克。

水洞沟遗址在灵武县境内，我们在那里活动了两天又返回银川。当时，银川考古部门正在发掘西夏王朝帝王陵，我们前往参观。只是寝陵既大又深，我没下去参观里面的**陪葬**物品。

我记得袁复礼先生曾经送给我们研究所一批用红色燧石打制的细石器。那是他参加西北科学考察团时发现的，石器上注的出产地叫"银更"。裴文中和我曾到清华大学问过袁复礼先生"银更"在何地方，但他说记不清了，印象中是沙漠地。我们在这次考察中，边走边打听"银更"这个地方。据当地人说，叫"银更"的地方很多，"银更"是蒙语，为石磨的意思。在银川时，我们听说附近确实有个地方叫"银更"，不过乘汽车需要三天的时间才能回来，我们只好放弃了此行。

9月下旬，我们三人从银川乘火车到达了兰州，下榻在兰州饭店。在省博物馆馆长吴恰如先生的陪同下，我们在甘肃省境内考察了20多天。

国庆节前，我们从兰州乘汽车去了武威地区，先到民勤县红崖山水库附近，考察新发现的象化石地点，而后到永昌县的河西堡，考察鸳鸯池五六千年前的属于马厂文化的墓地。

我还记得，在新中国成立前夕的1948年，我曾随裴文中先生和刘宪亭先生等前往民勤境内进行过考古调查。那时当地的百姓缺吃少穿，生活非常贫苦，我们考察有时坐的是马拉的大轱辘车，车轱辘很大但不圆，在沙漠地里走起来**咕咚咕咚**的。现在再次到那里，情况完全不同了，一色的柏油路面，路的两侧是高大的杨树，水库中的水非常清亮，**微波荡起**，泛起片片粼光，真是远非昔日可比。

我们这次到鸳鸯池考察，是因为这里发现了**镶嵌**在骨柄上的小石片。这一消息是在这次长途旅行前，甘肃省文物局局长王毅先生到北京来告诉我的，这引起了我极大的兴趣。我立即请王毅先生往当地发电报："务必使这个发现物保持原样，连小石片也不要卸下来。"这次到了甘肃，当然不能放过目睹的机会。

1997年6月初，谢骏义来我家时，我们又谈到了鸳鸯池的这个发现物。他说是石刀，我记忆中是一把镶嵌石片的短剑。因为从形状上看它和剑十分相似，骨制的剑身一端很尖利，中间还有直竖隆脊，在尖端和两侧有挖制的沟槽，沟槽中镶有连接的薄而直的细石叶。这种细石叶在细石器遗址里常能见到，但大多未引起人们重视。最受重视的是各种类型的石核。其实使用的倒是由石核打击下来的小石片（或称之小石叶）。

小石叶从石核上打击下来时，石片有向内面弯曲的弧面。当把小石片的两端掰去，剩下中间的一段，看上去就很直。两端很平的细石叶，再把它彼此衔接起来就是很好的很直的刃，而且可以随意**衔接**长短。如果我的记忆无误，我认为，在目前来说，它是世界上最早的剑。后来的铜剑无疑是由它演化而来的。

工作告一段落，我们返回兰州。国庆过后，我们又由兰州经平凉去了陇东。去陇东的目的是到庆阳城北三里铺访问当地的老农民和天主教老修女，想从当年给桑志华挖掘化石的老人那里，了解一下当时挖掘的情况和地点；从当时在桑志华神父**管辖**下的修女那里，了解当时桑志华工作的情况。因为年代久了，如果不加记载，就会丢失这一段历史。桑志华于1920年在这一带发现了许多哺乳动物化石和石器，石器距今已有数万年的历史。石器地点有两处，均在黄土中、底部，这在中国是首次发现。现在他采集的化石绝大部分还保存在天津北疆博物馆，即现在的天津自然博物馆里。

最后我们在王毅先生的陪同下，南下到天水的麦积山。我们调查了天水地区的化石地点，并做了此次旅行的工作总结。10 月内我们完成了一切工作，我和卫奇先生由兰州登上了返回北京的列车。

我以 66 岁之身参加这次长途旅行考察，我因为能为本门科学**奋斗不息**而感到满意。前人曾教导我，搞好这门科学要"三勤"，即"口勤、手勤、腿勤"。前人的教导虽然只有六个字，我却深刻地感受到它对我的成长和成才带来了莫大的教益。研究古人类学、旧石器考古学及古生物学和搞地质学一样，如果不亲自去跑、去看、去找，只**仰仗**向别人要点儿材料做研究，是永远也不会成功的。

从死神身边逃脱

🏔每次遇险和大病之后，安心总结过去的调查、研究，安静地写东西是我的习惯。在身体允许的情况下，我还会尽量地参加一些学术会议，听取新的观点，增加新知。对我来说，这算是大难不死的"后福"吧！

　　在我的一生中，我曾几次被死神攥在手里，又几次**逃脱**。

　　1975 年 7 至 8 月间，我和人类学家张振标先生由魏正一、于凤阁等先生陪同，到黑龙江考察。我们先乘火车从哈尔滨到牡丹江，之后改乘吉普车南行，准备前往镜泊湖东岸一带。我与张振标先生坐的一辆车，走在前边。在离宁安县城不远的地方，忽然吉普车机盖冒了烟，司机当即停车打开前盖。只见一下喷出很高的火苗。他一边大声喊叫"你们快跑，跑得越远越好"，一边脱下衣服**抽打**。我们并没跑，我叫张振标先生到公路旁的水沟里抠出连水带草的泥，递给我。我往火苗上拽。火被扑灭了，可吓出了我们每人一身大汗。过后回想这事，我觉得司机用衣服拍打还真不如我们用泥盖好。

等后边的那辆车到了，我们坐上车赶到镜泊湖招待所已是下午了。这个招待所是为苏联专家建立的，并不对外。我住的那间房，我们科学院的老院长郭沫若曾经住过。房间里还摆放着**笔墨纸砚**，显得非常文雅。可惜只住了一夜，又出发了。

沿着镜泊湖东岸南行，在离吉林不远的地方我们考察了一个石器地点。这个地点出土的石器是用黑曜石打击成的。这在我国还从未见到过，黑龙江省博物馆已派人在那里发掘和研究。这和我所要找的细石器完全不同，应属于另一个文化传统。适值吉林省博物馆的姜鹏先生前来接我们，我们又去了长春。参观了吉林省博物馆后，我动身返京。张振标先生在长春尚有其他工作，稍后才走。

第二年，即 1976 年 7 月份，我们研究所组队与黑龙江省博物馆的研究人员一起，又赴黑龙江省的最北端十八站进行发掘。7 月底当地驻军对我们说，唐山发生了大地震，唐山、丰南地区**损失**很大，死伤人数很多，地震波及了天津市和北京市。大家一听，都很担心家里及研究所的情况，很是不安。幸而很快收到了所里发来的电报："所里和家里情况都很好，不必挂念。"大家心里才**踏实**一些。

工作结束，我从哈尔滨乘三叉戟飞机飞回北京。飞机很大，坐着很舒服。这和 1937 年我由昆明到西安、1948 年从北京飞往兰州所乘的飞机真有天壤之别。这也只是感觉，我无心浏览这架飞机的一切，心里恨不得快点儿到北京。地震后的北京、所里、家里不知是什么样。

从机场到回家的路上，沿途一切都变了样，大街上到处都是搭的地震棚，就连市政工程用的大水泥管也成了临时住所。到了家一看，院子里也是一个挨一个的地震棚。有的地震棚上遮着油毡，有的是塑料布，有的是床单，还有的糊了些报纸、牛皮纸之类的，**五花八门**，什么样的都有。我所住的楼也受到了损坏。在楼下的不远处，搭了一间小棚。我住在里边真像过着原始的生活。

　　没有多久，国家文物局局长王冶秋先生找到我，说："请你再前往内蒙古御驾亲征一次如何？他们在呼和浩特市东郊发现的材料还须去帮助发掘和研究，即使到了那里提一提意见也好。"我与老伴和长子贾彧彰商量，他们都认为我到内蒙古待些日子比在地震棚里要好，所以我就答应了。由于这次再到内蒙古是王冶秋局长请的，所以受到了很好的接待。

　　到了呼市，第三天我们就到市东郊的大窑村详细察看。我们在这个地点所处的小山周围粗查了一遍，直到下午日将落山，才往呼市返。我乘坐的还是吉普车，按照我的习惯，我坐在前排司机的旁边。我看到车子开得很快，就**嘱咐**："开慢一点儿。"司机只是"哦哦"地答应，也没慢下来。突然车子失控，窜出公路，向路旁成排的树间隙冲过去。还没等我喊出声来，车子已向前折了个360度的大跟头。含在口中的烟斗和我的眼镜一下子飞了出去，当时我就晕了过去。

　　大家把我送进了一家医院里，直到第二天我才**清醒**过来。只是这里的医院有医无药。内蒙古博物馆的一位女馆长从朋友那儿好不容易找来点儿什么霉素，放在窗台上，转眼工夫就丢了。最后上报了这件事，才从军队的药库里，得到了急需的药品。

我醒过来，守护在旁边的人才放了心。据他们说，我们同行的几辆车，都被我乘坐的那辆吉普车远远地甩在了后面。最先看见我那辆车出事的，是一位正在骑自行车的青年妇女。她扔下车跑了过来，见吉普车顶已塌，我坐的那边的车门已掉了下来，我的上半身落在地上。她正想把我扶起来，后面的车到了，大家七手八脚地把我送到了医院。

见我醒来，民警也来了解情况，问我是否车开得太快？我说："不快，是路滑造成的，因为出事前刚下过雨。"幸而司机很机智，擦着树的间隙而过，否则非车毁人亡不可。民警虽对我的话半信半疑，但由于我口气肯定，一口咬定是路面造成的事故，他也只好把证件退还给司机。司机一家人都指望着他挣钱生活，我岂能不为他说点儿好话呢？

回到北京后，司机一家人还专程来北京看望我，感谢我的"救命之恩"。我对他说，要说有"救命之恩"的是你不是我，你要是开车撞到树上，咱俩不就都玩儿完了吗？

我遇险后，王冶秋先生和我们研究所商量，先对我家里保密，看看我的伤情再说。没多久，我的伤势渐渐好了起来，胸骨骨折的地方也长好了，还可以下床走动几步。这时北京大学考古专业（即现在的考古系）吕遵谔教授前来看望。他详细问了我的伤情，我说，其他恢复得很好，只是胸部还有阵阵疼痛。最后他叫我亲自给我老伴写封信，谈谈我的情况，免得家里挂念，我照办了。吕先生回到北京后到我家，把信拿出来给她看。老伴问："既然伤都好了，怎么不回来？""让他多养几天，养得比以前还健壮再回来不更好吗？"

我在内蒙古的医院住到了初冬，医院还没烧暖气，几位司机拿来了一个大电炉子给我取暖。又过了不久，我们研究所的刘静波先生来到呼和浩特，接我出院。几天后我俩乘飞机回到了北京。

我们的研究所在北京德胜门外祁家豁子，我住的宿舍也在大院之内。由于地震的破坏，宿舍成了"危楼"。所里照顾我，把图书馆的一间房腾了出来，让我们夫妇居住。后来，我的次子把我们接到他家里住了一段时期，我的身体才渐渐恢复正常。

这次翻车几乎丧了命。直到现在朋友还拿我开玩笑，说我是最出色的特技演员。场面惊险有三：第一，车子失控后，窜到路旁树的空隙之间，没撞到树上；第二，车子向前折了360度的跟头，车棚瘪了，车门掉了，挡风玻璃碎了，我的下半身还在车里，上半身横在车外，嘴里叼着的烟斗和戴着的眼镜飞出很远，我的头没碰伤，满脸满身的玻璃碴子也没把脸和身上划伤；第三，车棚上的横梁断了，我戴着的一顶蓝布帽子挂在了上面，只差1.2毫米，我的头就会被断梁穿个窟窿。大家都庆幸我能活下来，说我是大难不死必有后福。其实后福有没有说不清，但大难不死是有的，而且不止车祸这一次。

最危险的是1988年，我得了一场大病，说句文雅的话，差一点儿"与世长辞"。

那年，正值我80岁。一天清晨，我上厕所，发现大便发黑，老伴看了认为是便血，劝我到医院去检查检查。当时我们研究所已经迁到了西直门外大街 142 号——北京动物园附近。我的家也搬到了院内宿舍。我到了人民医院，大夫为了**确诊**，叫我住院检查。肠镜的结果是结肠癌。但是医德高尚的外科荣大夫对我说是横结肠上长了一个腺瘤，劝我还是动手术切掉好，不然会越长越大。所里的领导及我的家人都知道病情，只瞒着我，怕我思想上有负担。我还是几年之后，偶然翻看了当时的病历，才知道了真相。

术前我做了各方面的检查，特别是血。医生说按照我的年龄，这不像是我的，而更像年轻人的。如果手术时间不长，最好不给我输血。

手术那天，我的家人都来了，他们目送着我被推进手术室。大夫按着肠镜的检查结果先在我的右胸下横着开了一刀，取出横结肠，但怎么也找不到肿瘤。再找还是没有。这时时间拖了很久，聪明的大夫突然想到是不是检查的结果左右错了位。他立刻把刀口缝合，又在肚脐左上侧竖着开了一刀，才找到病点。结果切除了大约 25 厘米一段结肠，把小肠和大肠连在了一起。手术原来只需要一个半小时，这回用了六个多小时才完成。麻醉师看我手术时间太长，失血过多，还是给我输了 800 毫升的血。这次输血可给我带来了灾难。

出院之后，头几天自己感觉良好，不久就感到**四肢无力**，瘫软得连衣服都不能自己穿。接着眼睛和脸色变得蜡黄。我患上了肝炎，这是输血造成的，我输进了带肝炎的血。当时，各单位都组织献血，有的人体检很正常，但让一些以卖血为生的人代替献血，所以从血库拿来的血，也有"**伪劣假冒**"的。

经人介绍，我住进了中日友好医院。那里有传染病房，但病人太多，没有单人病房，我只好和一位年轻的外地患者同室。虽然病魔缠身，腿**浮肿**得厉害，浑身无力，但我的心情很开朗。大夫叫打针就打针，叫吃药就吃药，积极配合大夫治疗，我成了这个传染病科的最佳病人。大夫经常以我为例，劝说一些思想有**包袱**的病人。

与我同室的那位病友，不听大夫叫他少吃东西的劝告，叫妻子到街上买了两碗饺子，偷着吃下。吃后他就感到不舒服。大夫知道后很恼火，马上对他救治。为了抢救方便，大夫把我换到了另一间病房。当天夜里他就死了，是死于胃出血。人的"生"与"死"就像一层窗户纸，一捅就破，死是多么容易啊！

我的水肿越来越厉害，从脚一直肿到了肚脐眼儿。虽然每天用药物排尿，但仍时好时坏。大夫给我用红小豆和鲫鱼煮汤，要我天天喝，但我一点儿胃口都没有。说实在的，喝这汤比喝药难咽。

为了增加营养和抵抗力，大夫建议我打"胎盘白蛋白"。这种东西，医院里美国、日本和我国香港产的都有，但怕有艾滋病毒，不敢用，大夫叫我最好自己想办法，找国内产品。当时国内产的胎盘白蛋白很难搞到，只有献血者才能买到一瓶。我们想尽各种办法，到处托人，连"九三"学社中央都帮忙，最后总算买到了33瓶。我每天注射一瓶，不想病还真有好转。

给我看病的主治大夫是位年长的老大夫，他在其他医院也有**兼职**。他认为我已是80岁的老人，要保守治疗。可是另外两个年轻大夫，认为我虽然年纪大，但体质好，又没什么其他病症，准备为我来一下"恶"治。

他们叫我服大量排尿的药，每天认真记录，接着打白蛋白和补钾。几天下来，弄得我一丝力气都没了。可喜的是，我的水肿渐渐消退了。老大夫听说后，也很高兴，对我说："每天这样大量排尿，身体能支持下来真是不容易。打白蛋白等于借钱吃饭，你还得自力更生来养活自己。"一句话说白了，就是叫我自己吃东西。从此我就尽量吃，不爱吃的也要吃。饭量增多后，就逐渐减少白蛋白的用量。我的身体渐渐恢复，不久各项指标均达到了正常人的水准。经大夫同意，我被转到了康复病房。

康复病房窗明室亮，有卫生间，有电视，有冰箱，有电话，比一般病房舒适多了。大年三十，在北京的妻儿老小，还自己动手包饺子，在康复部的伙房里，吃了一顿团圆饭。

80岁的生日，我是在中日友好医院度过的。亲朋好友，在医院的病友和大夫，都来为我祝寿，有的送花，有的送字，历史博物馆还专门给我送来了特意为我制作的"老寿星"。他们把我当成小孩子，我对此感到十分高兴和幸福。

春节过后，我已经能独立生活了，吃饭、上厕所已不用人照顾。孩子仍日夜陪伴着我。我以为用不了多久就可以回家了，却又遇上了倒霉的事。

一天早晨，医院雇用的卫生员打扫完房间后，打开窗户，准备擦玻璃。一阵凉风袭来，吹得我打了个冷战。下午我就发高烧，我又得了肺炎。每天打吊针，就是高烧不退。医生通知了单位和家属："看样子他出不去医院了，要做最坏的打算。"死亡之神又围着我转来转去。"人之将死，其言也善"。在我清醒的时候，我就想，自己一生是否做过坏事，是否有对不起别人的地方呢？虽然我娶过两个妻子，但她们俩都彼此谅解了。我孝敬父母，善待儿女子孙，只是因工作关系对他们照顾不够，没利用自己的职位为他们安排好工作，这是我能力有限。再说，不依靠别人，对他们以后的生活也有好处，他们也会谅解的。想来想去，我不欠人情债，心情反而踏实多了。唯有在工作上我还没有对自己提出的三大课题即人类起源的地点、人类起源的时间、人类在演化过程中先进与落后同时并存的"重叠现象"有所突破，因而有些着急，但天命难违。还有一句古话，就是"人生七十古来稀"。我已活到80岁了，赚头还不小，我的老师或前辈们也大多没我活得长。裴文中活到78岁，魏敦瑞活到75岁，德日进74岁，杨钟健先生也只活到82岁；我的父亲活到73岁，我的母亲活到84岁，我还有什么不可撒手人寰的呢？俗话说"不做亏心事，不怕鬼叫门"，我虽不信鬼神，但觉得这句话有一定的哲理。

大夫看什么药对我也不起作用，就决定给我注射"先锋5号"，如果"先锋5号"作用不大，就只剩下"先锋6号"了，再也没有别的办法。不想我的烧渐渐退了，精神也慢慢好了起来，死神再一次被我从身边赶走。

1989年4月底，我出院了。出院之前，大夫、护士长及护士们为我祝贺，问我："怎么会好的？"我说："是你们给我治好的，怎么问我呢？"大夫说："这不单凭我们的治疗，最重要的是你对疾病不**畏惧**，有战胜疾病的信心，能很好地配合我们。"
不怕死的心，我是有的。但什么信心，当时我还真没力气想
这些。

　　出院后，我一心在家**疗养**，在小书房里看寄来的信和书。
大约过了1个多月，我的元气恢复了，我又开始趴到桌上写东
西——总是这样，每次遇险和大病之后，我都能有时间安下心
来总结一下过去的调查和研究，**安安静静**地写点儿东西。对我
来说，这算是大难不死的"后福"吧。当然一些国内、国际的
学术会议，在我身体许可的情况下，我是尽量参加的。听听同
行们的新观点，互相交流一下意见和建议，可以使自己增加很
多新的知识。